KB178985

폴링이 들려주는 화학 결합 이야기

폴링이 들려주는 화학 결합 이야기

ⓒ 최미화, 2010

초 판 1쇄 발행일 | 2005년 8월 29일
개정판 1쇄 발행일 | 2010년 9월 1일
개정판 15쇄 발행일 | 2021년 5월 28일

지은이 | 최미화
펴낸이 | 정은영
펴낸곳 | (주)자음과모음

출판등록 | 2001년 11월 28일 제2001-000259호
주   소 | 04047 서울시 마포구 양화로6길 49
전   화 | 편집부 (02)324-2347, 경영지원부 (02)325-6047
팩   스 | 편집부 (02)324-2348, 경영지원부 (02)2648-1311
e-mail | jamoteen@jamobook.com

ISBN 978-89-544-2041-9 (44400)

폴링이 들려주는

화학 결합
이야기

| 최미화 지음 |

|주|자음과모음

폴링을 꿈꾸는 청소년을 위한
'화학 결합' 이야기

우리 주변의 모든 물질들은 어떻게 이루어졌을까요? 물질을 쪼개고 또 쪼개면 원자라는 알갱이에 도달합니다. 원자는 물질을 구성하는 가장 작은 입자랍니다. 이 원자들의 밀고 당김을 통해 화학 결합이 일어나고, 화학 결합으로 이루어진 분자들이 우리 눈에 보이는 물질 세계를 펼쳐 가지요.

블록을 이어붙여 다양한 모양의 구조물을 만들어 내듯이, 여러 종류의 원자들이 화학 결합으로 이어지면 수없이 많은 종류의 분자들이 만들어집니다. 지금까지 알려진 원소의 종류는 110여 개이지만, 자연에 안정한 상태로 흔하게 존재하는 원소는 약 40여 종류에 지나지 않습니다. 이 몇 종류의 원소들이 모여 우리 주변의 모든 물질을 만들어 내는 것이 바로 자연의 신비랍니다.

원자들의 결합이란 바로 전자들의 밀고 당김입니다. 원자처럼 작은 입자에 적용되는 양자 역학 이론에서는 원자핵 주변에 전자가 분포해 있는 모양을 오비탈로 나타냅니다. 결합을 하지 않은 원자 주변의 오비탈은 공처럼 둥근 모양이지만, 다른 원자가 가까이 다가오게 되면 전자가 들어 있는 오비탈들이 서로 겹쳐지면서 화학 결합이 일어나게 됩니다.

이처럼 오비탈들의 겹침으로 이루어지는 화학 결합이 있는가 하면, 아예 전자를 주고받으면서 일어나는 화학 결합도 있습니다. 또 금속 원자는 전자를 내놓고 양이온이 되어 전자 바다에 떠 있듯 배열된 결합으로 이루어져 있지요.

이 책에서는 원자들이 결합하는 몇 가지 방법과 그 방법에 따라 성질이 결정되는 분자들에 대한 이야기를 하고 있습니다. 이제 원자들의 결합으로 펼쳐지는 분자 세계로 들어가 볼까요?

최 미 화

차례

화학 결합으로 만들어지는
분자 나라의 신비

원자들이 결합하여 온갖 분자를 만들어 내면 우리가 사는 물질 세계가 펼쳐집니다.
원자들이 펼치는 분자 나라를 함께 찾아가 봅시다.

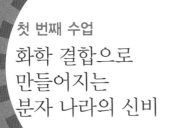

첫 번째 수업

화학 결합으로
만들어지는
분자 나라의 신비

기대에 찬 모습으로 폴링이
첫 번째 수업을 시작했다.

우리 눈에 보이는 모든 것은 무엇으로, 어떻게 이루어졌을까요?

주변을 둘러보면 세상은 물질로 가득 차 있습니다. 땅과 바다, 공기와 물, 나무와 돌, 플라스틱 등 수없이 많은 모든 물질들은 원자라는 알갱이로 이루어져 있답니다. 물질을 쪼개고 또 쪼개면 결국 원자라는 알갱이를 얻게 된다는 것이지요.

원자 속에는 전자와 양성자, 중성자가 들어 있는데, 핵반응 이외에 원자가 쪼개지는 일은 없습니다. 그래서 물질을 이루는 기본 입자는 전자나 양성자가 아니라 원자랍니다.

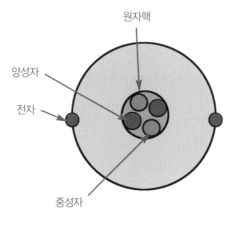

원자 모형

원자는 둥근 공 모양으로 생긴 아주 작은 알갱이라고 생각하면 됩니다. 눈으로 직접 볼 수는 없는 원자의 세계는 우리의 상상을 초월할 정도로 작습니다.

원자는 얼마나 작을까요?

원자의 세계는 나노의 세계입니다. 나노라는 것은 나노미터(nm)를 줄인 말인데, 1nm는 1m를 10억 조각으로 나눈 길이를 말합니다. 즉, $\dfrac{1}{1,000,000,000}$ m를 말하지요. 최근에 자주 사용되는 나노테크놀로지(NT)라는 말도 바로 나노미터 단위의 작은 입자를 다루는 기술이라는 뜻이랍니다.

1nm가 어느 정도인지 상상이 되나요? 사람의 머리카락을 수만 가닥으로 쪼갰을 때의 굵기가 1nm 정도에 해당합니다. 수소 원자의 지름이 0.1nm인데, 수소 원자 10억 개를 한 줄로 세워 놓으면 그 길이가 겨우 10cm가 되지요.

수소 원자 1개와 눈금자의 1mm 길이를 비교해 보면 더 실감이 납니다. 원자 1개의 지름을 아주 얇은 종이 1장의 두께에 비유하면, 눈금자의 1mm는 63빌딩의 높이에 비유할 수 있답니다.

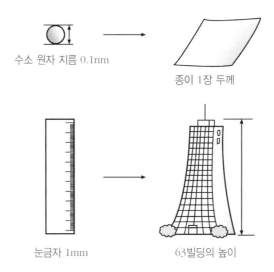

수소 원자 지름 0.1nm

종이 1장 두께

눈금자 1mm

63빌딩의 높이

이렇게 작은 수소 원자는 아주 성능이 좋은 현미경으로도 볼 수 없습니다. 최근에 와서야 주사 터널링 현미경(STM)이라는 첨단 장비가 개발되어 고체 표면에 있는 원자 모양을 희미하게나마 볼 수 있게 되었을 뿐이랍니다.

과학자의 비밀노트

주사 터널링 현미경(STM)
작은 바늘을 사용하여 물질 표면의 요철 부위를 따라 움직이면서 표면 분포 정보를 알아내는 장치이다. 이 현미경으로 원자의 크기 물체의 관찰이 가능해지면서 나노 과학 기술이 발달하게 되었다.

원자는 얼마나 가벼울까요?

수소 원자의 지름은 0.1nm입니다. 이렇게 작은 수소 원자를 1cm³ 정육면체로 쌓아 올리려면 몇 개의 수소 원자가 필요할까요? 무려 1조 개의 1조 배(10^{24})에 해당하는 수소 원자가 필요하답니다. 더욱 놀라운 것은 이 많은 수의 수소 원자를 모두 합한 질량은 1g에 지나지 않는다는 것이지요. 그러니까 원자 세계는 작기만 한 것이 아니라 놀라울 정도로 가볍다는 것을 알 수 있습니다.

수소 원자보다 더 크고 무거운 원자들도 사람의 수준에서 보면 너무나 작고 너무나 가볍습니다. 모든 원자들은 지름이 nm 정도이므로, 어느 원자가 어느 원자보다 몇 배 크다거나 작다고 해도 우리 수준에서 보면 상상을 초월할 정도로 작고 가볍지요.

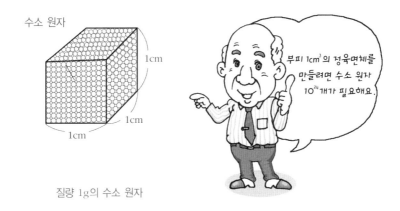

질량 1g의 수소 원자

이렇게 작은 원자들이 서로 만나 결합하면 분자 나라가 만들어집니다. 물질이 만들어지는 것입니다. 마치 요술같이 말입니다. 예를 들면, 수소 기체와 산소 기체를 불꽃 방전 하면 물이 만들어집니다. 수소 원자와 산소 원자가 결합하여 물

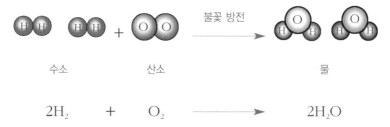

| 수소 | 산소 | 물 |

$$2H_2 \quad + \quad O_2 \quad \longrightarrow \quad 2H_2O$$

분자를 만들어 낸 것이지요.

물의 성질은 수소, 산소와 닮았을까요?

수소를 영어로는 하이드로젠(hydrogen)이라고 합니다. 이 말은 '물을 낳는 원소'라는 뜻입니다. 그러면 수소로부터 만들어진 물은 수소를 닮았을까요?

신기하게도 수소나 산소의 성질을 전혀 닮지 않았습니다. 수소 원자와 산소 원자로 이루어진 물 분자이지만, 수소나 산소와는 전혀 다른 성질을 가진답니다. 수소는 잘 타는 성질이 있으며, 연료나 에너지원으로 쓰이는 기체입니다. 산소는 다른 물질을 잘 태우는 성질이 있으며 반응성이 큰 기체이지요. 또 동물과 식물의 호흡에 반드시 필요한 물질이기도 합니다.

 물은 어떤가요? 물은 우리가 생활하는 보통의 온도에서 액체 상태이고, 영하의 온도에서는 고체인 얼음으로 변하고, 100℃ 이상의 온도에서는 수증기로 변합니다. 산소처럼 다른 물질을 잘 태우거나 수소처럼 타지도 않습니다. 물은 얼면 부피가 늘어나는 성질을 가지고 있으며, 극성 물질을 잘 녹입니다.

 수소로부터 만들어진 물은 수소와는 전혀 다른 성질을 가집니다. 수소 기체의 별명이 '물을 낳는 원소'인데 말입니다. 신기하지요? 사람들의 세상에서는 부모님의 여러 가지 형질을 자식들이 이어받지만, 원자 세계와 분자 나라에서는 이런 일이 일어나지 않는답니다.

 물질 세계에서 일어나는 이런 일을 화학 반응이라고 합니다. 화학 반응은 원자들의 화학 결합이 깨지거나 새로 만들어지면서 일어납니다.

 수소, 산소로부터 만들어진 물 분자가 수소, 산소와 성질이

전혀 다르다는 것을 알게 되었지만, 어떻게 이런 일이 일어나는 것인지 궁금합니다. 수소나 산소의 성질을 잃어버리고, 전혀 다른 성질을 가진 물 분자가 만들어지는 일이 어떻게 가능할까요?

물은 아무런 맛도 냄새도 없는 액체이며, 극성 물질을 잘 녹이는 좋은 용매로 쓰입니다. 소금이 물에 잘 녹는 것은 소금이 극성 물질이기 때문입니다. 물은 사람 몸의 구성 성분이기도 합니다. 우리 몸의 70%가 바로 물이지요. 이런 물의 성질은 수소, 산소와 전혀 다릅니다.

수소, 산소의 성질은 어디로 가고 물의 성질이 만들어졌을까요?

그 답은 바로 화학 결합입니다. 원자 세계에서 분자 나라로 가려면 화학 결합이라는 문을 통과하면 된답니다. 화학 결합이란 원자들이 헤쳐 모여서, 전혀 새로운 성질을 가지는 분자를 만드는 것입니다. 분자 나라는 원자들이 결합해서 펼치는 새로운 세상입니다.

원자들의 짝짓기가 화학 결합인가요?

원자들은 서로 밀고 당기는 힘겨루기를 하면서 분자를 만듭니다. 원자들의 밀고 당기는 힘겨루기를 화학 결합이라고 할 수 있지요.

원자들의 밀고 당김을 통해 새로운 짝짓기를 할 때마다 새로운 분자가 만들어지는 것이랍니다. 몇 종류 되지 않는 원자로부터 세상을 가득 채우고 있는 그렇게 많은 종류의 분자가 만들어진다는 것이 놀라울 뿐이지요.

지금까지 알려진 원소는 모두 110여 종이지만, 그중 지구상에 흔하게 존재하는 원소는 40여 종 정도이고, 그중에서도 사람의 몸은 겨우 10여 종의 원소로 이루어져 있답니다. 이에 비해 세상에 존재하는 분자의 종류는 무려 3,700만 가지라고 합니다.

이것이 바로 원자들이 밀고 당기면서 만들어 내는 분자 나라의 신비라고 할 수 있지요.

분자들의 모임이 물질인가요?

수소 원자 2개와 산소 원자 1개가 만나 물 분자를 만들지
만, 수소 원자 2개와 산소 원자 2개가 만나면 과산화수소 분
자가 만들어집니다. 또 탄소 원자 1개가 산소 원자 2개를 만
나면 이산화탄소 분자가 만들어지지만, 탄소 원자 1개가 수
소 원자 4개를 만나면 메탄 기체가 만들어진답니다.

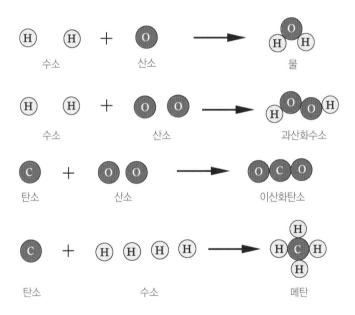

정말 신기하네요. 같은 원자들이라도 몇 개가 결합하느냐
에 따라 전혀 다른 물질이 만들어지니까 말입니다. 그래서

겨우 수십 가지에 지나지 않는 원자들이 수없이 많은 물질을 만들어 낼 수 있답니다.

원자들이 분자를 만들 때 어떤 규칙이 있을까요?

1개의 탄소 원자와 2개의 산소 원자가 결합하여 이산화탄소 분자 1개를 만들고, 1개의 탄소 원자와 4개의 수소 원자가 결합하여 메탄 분자 1개를 만듭니다.

이처럼 같은 탄소 원자일지라도 산소와 결합할 때와 수소와 결합할 때에 각각 결합하는 원자의 수가 달라집니다.

다른 원자와 결합할 수 있는 능력은 원자의 종류, 즉 원소에 따라 다릅니다. 원자들이 겉으로는 모두 비슷하게 생겼지만 화학적 성질이 서로 다른 이유는, 원자의 종류에 따라 원자가전자 수가 다르기 때문입니다.

원자가전자란 무엇일까요?

원자가전자란 원자핵에서 가장 먼 곳에 있는 전자들을 가리킵니다. 원자가전자들의 수에 따라 원자의 성질이 결정된답니다. 수소 원자에는 원자가전자가 1개 있고, 탄소 원자에는 4개, 산소 원자에는 6개의 원자가전자가 있습니다. 원자가전자는 핵에서 멀리 있기 때문에 경우에 따라 원자핵에서 멀리 떨어져 나가기도 합니다.

수소 원자
(원자가전자 1개)

탄소 원자
(원자가전자 4개)

산소 원자
(원자가전자 6개)

원자가전자가 하는 일

원자들의 결합에서 원자가전자는 결정적인 역할을 합니다. 한 예를 들면, 두 원자의 거리가 점점 가까워지면 원자들은 자신들이 가지고 있던 원자가전자를 함께 나누어 쓰면서 서로 단단하게 달라붙는 경우가 있습니다. 마치 우리가 친구들과 학용품을 나누어서 쓰면 친해지는 것과 같은 원리지요. 수소 원자와 산소 원자가 결합하여 물 분자를 만든 것도 바로 이 원자가전자를 사용한 것입니다.

화학에서는 두 원자가 원자가전자를 서로 나누어 쓰면서 친해지는 것을 공유 결합이라 하고, 원자들이 결합하여 만들어 낸 입자를 분자라고 부릅니다. 세상에 있는 물질의 종류만큼이나 분자의 종류가 많지요.

분자의 예를 들어 보면, 물(H_2O), 이산화탄소(CO_2), 암모니아(NH_3)처럼 간단하게 생긴 분자가 있는가 하면, 단백질이나 DNA처럼 엄청나게 복잡하게 생긴 분자도 있습니다.

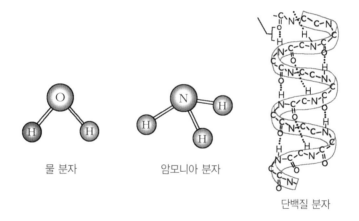

물 분자　　　　암모니아 분자

단백질 분자

그럼, 다음 시간에는 물과 친한 분자들에 대해 알아보도록 하지요.

과학자의 비밀노트

첫 번째 수업 정리

- 물질은 원자로 이루어져 있으며, 원자는 매우 작고 가볍다.
- 원자들이 서로 만나 분자를 만들어 내는 것을 화학 결합이라고 한다.
- 원자들이 결합할 때 각 원소의 성질은 없어지고, 전혀 다른 성질을 가진 분자가 만들어진다.
  - 원자들은 원자가전자를 사용하여 화학 결합을 한다.

드디어 원자의 세계를 탐험할 원자 크기의 비행선을 만들었습니다.

아무것도 없는데, 뭐.

미쳤나 봐!

물질을 쪼개고 또 쪼개면 결국 원자라는 알갱이를 얻게 됩니다. 물론 원자 속에는 전자와 양성자, 중성자가 들어 있지만 핵반응 이외에 원자가 쪼개지는 일은 없으므로, 물질을 이루는 기본 입자는 원자랍니다.
그런데 이 원자는 눈으로 직접 볼 수 없을 정도로 작습니다. 그래서 비행선이 보이지 않는 것이죠.

아~

그럼 원자는 얼마나 작다는 거죠?

원자의 세계는 나노의 세계입니다. 1nm는 10억 분의 1m를 말하지요. 수소 원자의 지름이 0.1nm인데, 수소 원자 10억 개를 한 줄로 세워 놓으면 그 길이가 겨우 10cm가 되지요.

수소 원자 1개와 눈금자의 1mm 길이를 비교해 볼까요? 원자 1개의 지름을 아주 얇은 종이 한 장의 두께에 비유하면, 눈금자의 1mm는 63빌딩의 높이에 비유할 수 있답니다.

정말 작구나.

그렇다면 원자는 얼마나 가벼울까요? 지름이 0.1nm인 수소 원자를 1cm³ 정육면체로 쌓아 올리려면 무려 1조 개의 1조 배에 해당하는 수소 원자가 필요한데, 이 많은 수의 수소 원자를 모두 합한 질량은 1g에 지나지 않습니다. 그러니까 원자는 작기만 한 것이 아니라 놀라울 정도로 가볍다는 것을 알 수 있습니다.

오~

그리고 수소 원자보다 더 크고 무거운 원자들도 사람의 수준에서 보면 매우 작고 가볍습니다. 모든 원자들은 지름이 나노미터 정도이므로, 어느 원자가 수소 원자보다 몇 배 크다고 해도 우리 수준에서 보면 상상을 초월할 정도로 작고 가볍지요.

짝짝 짝짝 짝짝

이건 내 발표회인데….

2

물과 **친한 분자**들

분자 나라에는 여러 종류의 분자가 있습니다. 어떤 물질은 물에 잘 녹지만,
어떤 물질은 물에 잘 녹지 않지요. 물에 잘 녹는 물질은 물과 친한 분자들로
구성되어 있습니다. 그러면 물과 친한 분자를 찾아보도록 하지요.

두 번째 수업

물과 친한 분자들

폴링이 물과 친한 분자들을 주제로
두 번째 수업을 시작했다.

　세상만사처럼 물질 세계에서도 간단한 것에서 복잡한 것으로 이루어져 갑니다.

　가장 간단한 수소는 약 150억 년 전에 빅뱅이라 부르는 대폭발로 인해 생겨났답니다. 수소 원자를 원료로 해서 헬륨도 탄생하게 되었지요. 그 후 다른 원소들도 차츰차츰 만들어졌습니다.

　지구상에서 발견되는 수십 가지 원소들은 빅뱅 이후 태양계가 만들어지는 시기에 걸쳐 만들어진 것이지요.

　이런 원자들이 결합하여 만들어 내는 분자! 세상에는 얼마나 많은 종류의 분자들이 있을까요? 현재까지 알려진 분자의 종류는 3,700만 가지가 있으며, 지금도 새로운 분자들이 발견되거나 만들어지고 있습니다.

화학자는 우리에게 필요한 분자를 만들어 내는 마술사입니다. 눈으로 볼 수 없는 원자들을 결합시켜서 분자를 만드는 일은 정말 신기한 마술이라고 해도 지나치지 않지요.

물에 잘 녹는 소금

음식을 만들 때 빠뜨려서는 안 될 물질이 있습니다. 바로 소금이지요. 화학적인 이름으로는 염화나트륨이라고 부르는 소금은 나트륨 이온(Na^+)과 염화 이온(Cl^-)이 모여서 만들어진 것입니다.

금속 원소인 나트륨은 물과 격렬하게 반응하여 수소 기체를 만들어 내는 성질이 있습니다. 이때 용액 속에는 강한 염기성 물질인 수산화나트륨($NaOH$)이 생깁니다. 수산화나트륨 용액은 피부를 상하게도 하고 목숨을 앗아 가기도 하는 독성 물질이지요.

역시 독성 물질인 염산(HCl)에는 염소가 들어 있습니다. 염소 원자 2개가 모여 만들어진 염소 기체는 독가스라고도 불리지요. 수산화나트륨과 염산을 적당히 섞으면 소금이 만들어집니다. 바닷물에 들어 있는 것과 똑같은 소금이지요. 강한 독성을 가진 수산화나트륨과 염산이 만나면서 독성은 흔적도 없이 사라지고, 그저 짠맛이 나는 소금이 만들어지는 것입니다. 이러한 현상은 화학의 세계에서만 볼 수 있는 신비로운 일입니다.

이렇게 만들어진 소금, 즉 염화나트륨은 어떤 성질을 가지고 있을까요? 가장 쉽게 알 수 있는 성질은 소금이 물에 아주 잘 녹는다는 것입니다. 소금이 물에 잘 녹는 까닭은 바로 전기를 띤 입자, 즉 이온으로 이루어져 있기 때문이지요. 염화나트륨은 나트륨 이온(Na^+)과 염화 이온(Cl^-)이 규칙적으로 쌓

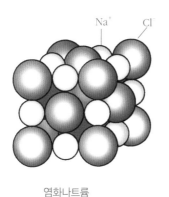

염화나트륨

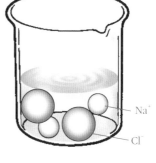

염화나트륨을 물에 넣으면
이온으로 분리된다.

여 만들어진 물질입니다. 양의 전기를 띤 입자를 양이온이라 하고, 음의 전기를 띤 입자를 음이온이라 합니다.

전기를 띤 입자는 물에 잘 녹나요?

소금 이외에도 물에 잘 녹는 물질이 있습니다. 강한 염기성 물질인 수산화나트륨(NaOH)도 물에 잘 녹습니다. 수산화칼륨(KOH)도 물에 매우 잘 녹지요. 이 물질들의 공통점은 무엇일까요?

바로 전기를 띤 입자로 이루어져 있다는 것입니다. 수산화나트륨은 나트륨 이온(Na^+)과 수산화 이온(OH^-)이 모여 만들어진 물질입니다. 양이온과 음이온으로 이루어져 있지요. 수산화나트륨을 물에 넣으면 나트륨 이온과 수산화 이온으로 나누어집니다. 마치 이별하듯이 물속에서 양이온, 음이온으로 헤어지지요.

우리 눈에는 수산화나트륨이 온데간데없이 사라진 것처럼 보입니다. 수산화나트륨이 대부분 이온으로 나누어졌기 때문입니다. 물속에 있는 이온은 너무 작아서 우리 눈으로 볼 수 없답니다.

수산화나트륨 수용액
NaOH → Na⁺ + OH⁻

수산화칼륨 수용액
KOH → K⁺ + OH⁻

물에 잘 녹는 물질들은 물속에서 이온화된다.

수산화칼륨도 마찬가지입니다. 흰색 고체인 수산화칼륨을 물에 넣으면 온데간데없이 녹아 버립니다. 물속에서 수산화칼륨이 칼륨 이온(K^+)과 수산화 이온(OH^-)으로 나누어지기 때문이지요. 이렇게 물속에서 양이온과 음이온으로 나누어지는 과정을 이온화라고 부릅니다.

양이온과 음이온으로 된 물질은 모두 물에 잘 녹나요?

소금처럼 양이온과 음이온으로 이루어진 물질을 이온 결정이라고 합니다. 이온 결정은 양이온과 음이온 사이에 전기적인 인력이 강하게 작용하고 있습니다. 물 분자도 전기를 띠고 있는 극성 분자이기 때문에 이온 결정 중에는 물에 녹는 것이 많습니다.

그러나 물에 잘 녹지 않는 이온 결정도 있지요. 물에 잘 녹지 않는 이온 결정을 앙금이라 부릅니다. 이온 결정인 탄산칼슘은 물에 거의 녹지 않는 앙금이랍니다. 지하수나 약수 같은 센물 속에는 칼슘 이온(Ca^{2+})과 탄산수소 이온(HCO_3^-)이 들어 있습니다.

그래서 센물을 끓여 보일러 용수로 사용하면 물속의 칼슘 이온(Ca^{2+})과 탄산수소 이온(HCO_3^-)에서 만들어진 탄산 이온(CO_3^{2-})이 결합하여 탄산칼슘($CaCO_3$)이라는 앙금 물질을 만듭니다. 탄산칼슘은 물에 거의 녹지 않기 때문에 보일러 관에는 딱딱한 탄산칼슘 덩어리가 쌓이게 되지요. 이것을 관석이라 하는데, 관석이 많아지면 보일러 관이 터지기도 하지요.

물에 잘 녹는 물질들이 서로 반응하여 물에 잘 녹지 않는

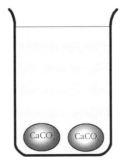

탄산칼슘은 물에 녹지 않는 앙금이다.

앙금을 만들기도 합니다. 예를 들면, 염화나트륨(NaCl) 수용액과 질산은($AgNO_3$) 수용액을 섞으면, 물에 녹지 않는 염화은(AgCl) 앙금이 생깁니다.

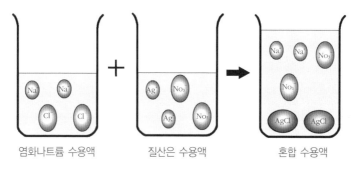

<table>
<tr><td>염화나트륨 수용액</td><td>질산은 수용액</td><td>혼합 수용액</td></tr>
</table>

앙금이 생기는 반응

물 분자가 잘하는 일

물 분자는 어떤 일을 잘할까요? 물은 여러 종류의 물질을 잘 녹인답니다. 이것은 물 분자가 부분적으로 전기를 띠고 있기 때문이지요. 부분 전기를 띠고 있는 분자를 극성 분자라고 하는데, 극성 분자인 물은 여러 가지 종류의 물질을 매우 잘 녹이지요.

물에 잘 녹는 물질도 극성 분자로 이루어져 있습니다. 극성 분자인 물속에서는 극성 물질들의 이온화가 잘 일어나기 때문이지요. 다시 말하면 물속에서는 이온들이 자유롭게 이동할 수 있기 때문이랍니다.

물 분자가 부분적으로 전기를 띠는 것은 염화나트륨이 전기를 띤 입자로 이루어진 것과는 다른 이치입니다. 물 분자는 산소 원자와 수소 원자가 서로 전자쌍을 나누어 가지는 결합으로 만들어진 분자입니다. 이때 산소 원자와 수소 원자 간에는 전자쌍을 잡아당기는 힘겨루기가 벌어집니다.

산소 원자는 수소 원자보다 분자 내에서 전자를 끌어당기는 힘이 더 셉니다. 그 결과 산소 원자 쪽에는 음의 전기가 생기고, 그 반대로 수소 원자 쪽에는 양의 전기가 생기게 되지요. 이것이 바로 물 분자가 부분 전기를 띠게 되는 까닭입니다.

과학자의 비밀노트

전기음성도

물 분자 내에서 산소 원자가 수소 원자보다 공유 전자쌍을 끌어당기는 힘이 더 세다고 했는데, 이를 산소 원자의 전기음성도가 수소 원자의 전기음성도보다 더 크다고 말한다. 즉, 전기음성도란 분자 내 원자가 그 원자의 결합에 관여하고 있는 전자를 끌어당기는 정도를 나타내는 척도를 말한다.

고체 상태에서 꼼짝 못하는 이온

이온 결정은 고체 상태에서는 전기가 통하지 않습니다. 그러니까 소금 덩어리에 전원과 도선을 연결하고 전류를 흘려보내도 소금에는 전류가 흐르지 않는답니다. 왜 그럴까요?

고체 상태의 염화나트륨 결정에서 나트륨 이온과 염화 이온은 꼼짝도 하지 못한 채 제자리를 지키고 있어야 한답니다. 양이온인 나트륨 이온 주변에는 음이온인 염화 이온이 둘러싸고 있으며, 반대로 염화 이온의 주변에는 나트륨 이온이 둘러싸고 있기 때문이지요.

양이온은 음이온 때문에 꼼짝 못하고, 음이온은 양이온 때문에 꼼짝 못한답니다. 즉, 결정을 이루는 각각의 이온은 다

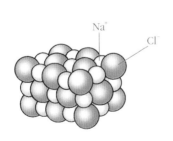

염화나트륨(NaCl) 결정에서는 나트륨 이온과 염화 이온이 규칙적으로 쌓여 있어 이온이 이동할 수 없다.

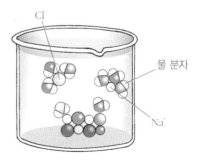

염화나트륨(NaCl) 수용액에서는 물 분자가 나트륨 이온과 염화 이온을 둘러싸므로 이온의 이동이 자유롭다.

른 종류의 전기를 띤 이온들에 둘러싸여 있으므로 움직이기
어렵답니다.

물속에서 자유롭게 움직이는 이온

이온 결정을 물에 녹이거나 열을 가해 액체 상태로 만들면
사정은 달라집니다. 예를 들면, 고체 상태의 소금은 전류를
통하지 못하지만, 소금을 물에 녹인 소금물은 전류를 잘 통
합니다.

왜 이런 일이 일어날까요?

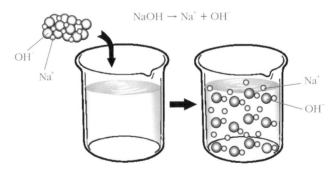

$$NaOH \rightarrow Na^+ + OH^-$$

수산화나트륨을 물에 넣으면 나트륨 이온(Na^+)과
수산화 이온(OH^-)으로 나눠지므로 용액에는 전류가 통하게 된다.

소금, 즉 염화나트륨은 물에 용해되어 나트륨 이온과 염화 이온으로 분리됩니다. 염화나트륨과 같은 이온 결정이 물속에서나 액체 상태에서 전기를 통하는 이유는 바로 이온들이 자유롭게 움직일 수 있기 때문이지요.

고체 상태에서는 전기가 통하지 않지만 용액이나 액체 상태에서 전기가 통하는 물질을 전해질이라고 합니다. 염화나트륨과 마찬가지로 수산화나트륨, 수산화칼륨도 물에 녹아 전류가 잘 통하는 이온 결합 물질입니다.

소금이 쉽게 부스러지는 이유

소금은 조금만 힘을 주어도 쉽게 부스러집니다. 한번 해 보세요. 소금을 손가락으로 비비기만 해도 쉽게 부스러진다는 것을 알 수 있습니다. 이온 결정이 쉽게 부스러지는 이유는 무엇일까요?

소금, 즉 염화나트륨 결정은 나트륨 양이온과 염화 음이온 사이의 전기적인 인력으로 만들어진 결정입니다. 이때 양이온과 음이온 사이에는 서로 끌어당기는 힘이 작용하고 있지요.

그래서 양이온은 음이온으로 둘러싸이고, 음이온은 양이온으로 둘러싸이는 이온 결정은 매우 단단한 결합입니다.

그러나 외부에서 힘을 가하면 사정이 달라집니다. 외부에서 힘을 가하면 이온들의 배열이 달라지지요. 양이온과 양이온이 가까이 있게 되고 음이온과 음이온이 가까이 있게 되면 이온들 간에 서로 미는 힘이 작용하게 된답니다. 같은 종류의 전기를 띤 입자 사이에는 서로 미는 힘이 작용하니까요.

즉, 이온 결정 물질에 힘을 가하면 이온층이 밀려 같은 전하를 띤 이온 사이의 반발력이 생기는 것이지요. 그리고 이 반발력 때문에 염화나트륨 결정이 쉽게 부스러진답니다.

| 염화나트륨 결정 | 힘을 가한다. | 이온의 배열이 달라지고, 이온 간에 미는 힘이 작용하여 결정이 부서진다. |

그러면, 다음 시간에는 물에 잘 섞이지 않는 분자들에 대해 알아보기로 합시다.

과학자의 비밀노트

두 번째 수업 정리

- 양이온과 음이온으로 이루어진 물질을 이온 결정이라 한다.
- 이온 결정은 고체 상태에서 전류가 흐르지 않고, 수용액 상태에서는 전류가 흐른다.
  - 이온 결정은 힘을 가하면 쉽게 부서진다.
  - 이온 결정은 물에 잘 녹는 것과 물에 잘 녹지 않는 것이 있다.

만화로 본문 읽기

안녕, 난 물 분자야.
같이 나온 내 친구들
을 소개해 줄게.

우선 이쪽은 염화나트륨(NaCl)인데 나랑
아주 친한 친구야. 평상시에는 나트륨 이온
(Na$^+$)과 염화 이온(Cl$^-$)이 규칙적으로 쌓여 있는
고체 상태에 있다가 나를 만나면 양이온
과 음이온으로 나누어지는 이온화가 일
어나면서 전기도 잘 통하게 되지.

이 친구는 수산화나트륨(NaOH)인데,
나를 만나면 강한 염기성을 나타내. 나랑 있으면
나트륨 이온(Na$^+$)과 수산화 이온(OH$^-$)으로 이온화가
대단히 잘 일어나거든.

마지막으로 이 친구는 수산화칼륨(KOH)인데, 역
시 나랑 친해. 이 친구도 평상시에는 흰색 고체로
존재하다가 나를 만나면 칼륨 이온(K$^+$)과 수산화
이온(OH$^-$)으로 나누어지지.

멋지다~.

그럼 양이온과 음이
온으로 된 물질은 모
두 너를 만나면 녹게
돼?

양이온과 음이온으로 이루어진
이온 결정은 전기적인 인력이 강
하게 작용하고 있어. 그리고 나
역시 전기를 띠고 있는 극성 분자
이기 때문에 이온 결정들이 대부
분 나한테서 잘 녹지.

하지만 나랑 친하지 않은 이온 결정도 있는데, 앙금이라 불
러. 특히 나랑 같이 있어도 거의 꿈쩍 않는 탄산칼슘이라는
이온 결정도 있지. 그리고 나랑 친한 친구들이 화학 반응을
통해 앙금을 만드는 경우도 있어. 염화나트륨 수용액과 질산
은 수용액을 섞으면 나한테 녹지 않는 염화은 앙금이 생겨.

아~.

물과 친하지 않은 분자들

소금처럼 물에 잘 녹는 물질이 있는가 하면,
플라스틱처럼 물에 녹지 않는 물질도 있습니다.
기름도 물과 잘 섞이지 않는 물질이지요.
물과 친하지 않은 분자들은 어떤 성질을 가지고 있을까요?

3

물과 친하지 않은
분자들

폴링이 지난 수업 시간에 이어
물과 친하지 않은 분자들에 대한
세 번째 수업을 시작했다.

요즘은 도시의 도로 대부분이 아스팔트로 포장되어 있어서
비가 온 후에 물웅덩이를 발견하기가 쉽지 않습니다.

드문 일이지만 도로에 파인 부분이 있어서 비가 온 후에 물
이 고여 있는 것을 볼 수 있기도 합니다. 차가 많이 다니는 도
로의 웅덩이에 물이 고여 있을 때, 물의 표면이 무지갯빛으
로 곱게 빛나기도 합니다. 기름이 물과 섞이지 않고 물 위에
떠 있기 때문에 관찰할 수 있는 현상이지요.

기름이 물에 녹지 않고 물 위에 뜨는 까닭은 무엇일까요?
기름처럼 물과 친하지 않은 분자들에 대하여 알아봅시다.

물과 친하지 않은 기름

기름은 물과 친하지 않아요. 또한 기름은 물보다 밀도가 작아 가볍기 때문에 물 위에 뜨는 것입니다. 우리말 중에 '물에 기름 돌듯이'라는 표현은 좀처럼 친해지지 못하고 서먹해하는 사람들의 사이를 비유하는 것이랍니다. 물과 기름이 서로 섞이지 못하기 때문에 생겨난 말이지요. 왜냐하면 물 분자는 극성을 띠지만, 물과 친하지 않은 분자들은 극성을 띠지 않기 때문입니다. 극성을 띠지 않은 분자를 무극성 분자라고 합니다.

벤젠(C_6H_6)은 탄소 원자와 수소 원자가 결합하여 만들어진 분자입니다. 벤젠은 무극성 용매이므로, 의류의 기름때를 빼는 데 쓰이기도 합니다. 무극성 분자인 기름때가 무극성 물질인 벤젠에 잘 녹기 때문이지요.

성질이 비슷한 물질끼리 잘 어울리는 것은 분자의 세계에서도 마찬가지랍니다. 이것을 '비슷한 것은 비슷한 것을 녹인다'라고 합니다.

사염화탄소(CCl_4)도 물과 친하지 않은 분자입니다. 탄소 원자와 염소 원자가 결합하여 만들어진 사염화탄소 분자도 무극성 물질을 녹이는 데 많이 쓰이는 용매입니다.

벤젠이나 사염화탄소 분자가 물과 친하지 않은 까닭은 무엇일까요?

이유는 간단합니다. 물 분자는 분자 내에 부분 전기를 띠고 있는 극성 분자이고, 벤젠이나 사염화탄소는 분자 내에 부분 전기를 띠고 있지 않은 무극성 분자이기 때문입니다. 성질이 서로 비슷하지 않은 극성 분자와 무극성 분자는 서로 친하지 않습니다.

물 분자는 1개의 산소 원자와 2개의 수소 원자가 전자를 함께 나누어 가지면서 결합한 것입니다. 그런데 물 분자 내에서 산소 원자는 수소 원자보다 전자를 끌어당기는 힘이 더 세답니다. 전자를 함께 나누어 가진다고는 하지만, 나누어 가진 전자가 산소 원자 쪽으로 더 많이 끌려가게 되지요. 그 결과, 산소 원자는 전자 밀도가 커져서 음의 부분 전하를 띠고,

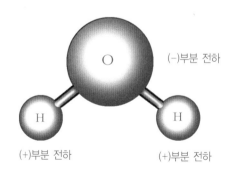

물 분자(극성)

수소 원자는 전자 밀도가 작아져서 양의 전하를 띠게 됩니다.

벤젠은 6개의 탄소 원자와 6개의 수소 원자로 이루어져 있습니다. 탄소 원자와 수소 원자 간에 전자를 함께 나누어 가질 때 결합이 일어나는데, 여기서도 탄소와 수소 원자가 전자를 끌어당기는 힘이 서로 다릅니다. 탄소 원자가 수소 원자보다 전자를 끌어당기는 힘이 조금 더 세지요.

하지만 벤젠 분자는 대칭 구조를 하고 있기 때문에 탄소와 수소 원자 간에 생기는 힘의 차이가 서로 상쇄되어 버립니다. 그래서 벤젠 분자는 부분 전기를 띠지 않는 무극성 분자입니다.

사염화탄소 분자는 1개의 탄소 원자와 4개의 염소 원자가 결합하여 만들어졌는데, 이것 역시 분자가 대칭 구조를 하고

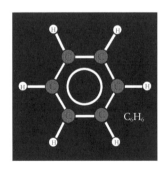

벤젠 분자(무극성)

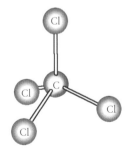

사염화탄소 분자(무극성)

있기 때문에 부분 전기를 띠지 않는 무극성 분자가 됩니다.

물에 녹지 않는 플라스틱

우리 주변에서 흔하게 볼 수 있으면서 물에 녹지 않는 물질로는 플라스틱이 있습니다. 플라스틱은 합성수지를 일컫는 말인데, 현대인의 생활은 플라스틱을 빼고 생각할 수 없답니다. 음료수 병이나 비닐봉지, 컵라면 용기, 그리고 다양한 색을 띠는 대부분의 장난감이 플라스틱 제품이니까요.

플라스틱에는 여러 가지 종류가 있습니다. 폴리에틸렌이라고 부르는 플라스틱은 에텐(에틸렌) 분자가 중합(단위체가 2개이상 결합하여 큰 분자량의 화합물로 되는 반응)하여 만들어진 고분자 물질입니다. 분자량이 작은 저밀도 폴리에틸렌은 비닐봉지의 주재료가 되고, 분자량이 큰 고밀도 폴리에틸렌은 샴푸 용기 등을 만드는 데 사용됩니다.

스타이렌 수지(폴리스타이렌)라 불리는 플라스틱은 많은 수의 스타이렌 분자가 서로 연결되어 만들어진 고분자 물질입니다. 스타이렌 수지를 성형해서 만든 스티로폼은 컵라면 용기를 만드는 데 쓰이기도 하지요. 폴리에틸렌이나 스타이렌

수지가 물에 녹지 않는 이유는 분자량이 매우 크며, 무극성
분자이기 때문입니다.

$$H \quad\quad H$$
$$C = C$$
$$H \quad\quad H$$
에텐

중합 →

폴리에틸렌

$$CH = CH_2$$
스타이렌

중합 →

스타이렌 수지
(폴리스타이렌)

물에 녹지 않는 기체

물과 친하지 않은 기체 분자로는 메탄이나 프로판이 있습
니다. 메탄은 공기보다 가벼운 기체입니다. 연료로 사용하
는 LNG(액화 천연가스)에는 메탄이 주로 들어 있지요. 도시
가스라고 부르는 연료용 기체에도 메탄 기체가 많이 들어

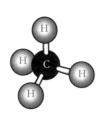
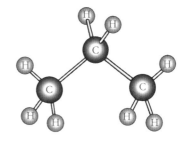

메탄 분자(CH₄)   프로판 분자(C₃H₈)

있습니다. 메탄 분자(CH₄)는 1개의 탄소 원자와 4개의 수소 원자가 결합하여 만들어졌는데, 이 분자는 대칭 구조를 하고 있습니다.

프로판도 연료로 쓰이는 기체입니다. LPG(액화 석유가스)라고 부르는 연료의 주성분이 프로판입니다. 프로판 분자(C₃H₈)는 3개의 탄소 원자와 8개의 수소 원자가 결합한 것인데, 이 분자 역시 대칭 구조를 하고 있습니다. 물과 친하지 않은 분자 중에는 대칭 구조를 하고 있는 분자가 많답니다.

물에 녹지 않는 양초

알록달록한 색상과 여러 가지 모양을 가진 양초는 흥겨운

모임의 분위기를 한층 더해 주기에 손색이 없지요.

양초의 주성분은 파라핀이라는 물질입니다. 파라핀은 탄소와 수소로 이루어진 분자들이 섞여 있는 혼합물인데, 탄소의 원자 수가 20개에서 30개 정도 되는 것이 주로 많습니다. 탄소 원자의 수가 많아지면 분자량이 점점 더 커지는데, 분자량이 큰 물질일수록 물에 잘 녹지 않는 경향이 있습니다. 파라핀은 분자량이 비교적 크고 분자 내에 부분 전하를 띠고 있지 않는 무극성 분자입니다. 무극성 분자인 파라핀으로 이루어진 양초는 당연히 물에 녹지 않겠지요.

파라핀(양초) 분자

물에 잘 녹지 않는 분자들의 공통점을 찾아볼까요?

앞에서 소개했던 물에 잘 녹지 않는 분자들은 모두 분자 내에 부분 전기를 띠지 않는 공통점이 있습니다. 그리고 분자 모양이 대칭 구조를 하고 있습니다. 또 다른 공통점은, 사염화탄소를 제외한 나머지 분자들은 모두 탄소와 수소로만 이루어진 분자라는 것입니다.

벤젠, 플라스틱, 메탄, 프로판, 파라핀은 모두 탄소와 수소로만 이루어져 있습니다. 탄소와 수소로만 이루어진 분자를 탄화수소 화합물이라고 합니다. 탄화수소 화합물에는 물에 녹지 않는 무극성 분자가 많이 있습니다.

또, 물에 녹지 않는 물질들은 전류를 통하지 않습니다. 물에 녹지 않으므로 이온화되지 않기 때문이지요.

사람 몸을 구성하는 분자

모든 탄화수소 분자가 물에 녹지 않는 것은 아닙니다. 사람의 몸을 구성하는 단백질 분자는 질소 원자를 포함한 탄화수소 분자입니다. 단백질에는 여러 가지 종류가 있는데, 그중에는 물에 녹는 수용성 단백질도 있고 물에 녹지 않는 불용성 단백질도 있습니다.

혈액의 적혈구 속에 있는 헤모글로빈은 물에 녹는 수용성 단백질 분자입니다.

헤모글로빈은 우리 몸의 구석구석까지 산소를 운반해 주는

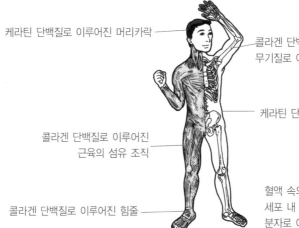

케라틴 단백질로 이루어진 머리카락

콜라겐 단백질이 채워진
무기질로 이루어진 뼈

케라틴 단백질로 이루어진 피부

콜라겐 단백질로 이루어진
근육의 섬유 조직

혈액 속의 헤모글로빈과
세포 내 효소들은 긴 단백질
분자로 이루어져 있다.

콜라겐 단백질로 이루어진 힘줄

몸을 구성하는 단백질 분자들

일을 하는 색소 단백질인데, 철을 함유하는 헴 분자와 단백
질인 글로빈 분자가 결합한 것입니다. 헴과 글로빈의 이름을
따라 헤모글로빈이 되었지요. 헴 분자 속에 있는 철(Fe) 원자
는 산소와 결합하여 생체 내에서 산소를 운반합니다.

그런가 하면, 머리카락이나 손톱을 구성하는 단백질은 물
에 녹지 않는 불용성입니다. 머리카락을 구성하는 단백질의
이름은 케라틴입니다. 즉 케라틴은 물에 녹지 않는 단백질
분자입니다. 또 피부를 구성하는 콜라겐 단백질도 물과 친하
지 않은 분자랍니다.

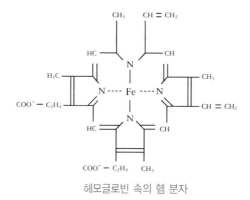

헤모글로빈 속의 헴 분자

다이어트에 좋은 분자

자연계에 가장 많이 존재하는 분자는 무엇일까요? 바로 셀룰로오스 분자입니다. 셀룰로오스는 식물이 만들어 내는 탄화수소 화합물입니다. 식물은 이산화탄소와 물 그리고 햇빛을 이용하여 포도당이라는 양분을 만들어 냅니다. 이 과정을 광합성이라고 하지요.

식물은 잎에서 만들어진 포도당의 일부를 씨앗이나 뿌리, 줄기에 녹말 분자로 저장합니다. 그리고 우리가 먹는 고구마, 감자 등이 바로 포도당이 녹말 분자로 변환되어 저장된 것이지요. 녹말로 변환되고 남은 나머지 대부분의 포도당은 뿌리와 줄기와 잎을 만드는 셀룰로오스 분자가 됩니다. 자연에서 생산되는 셀룰로오스의 양은 녹말의 10배가 훨씬 넘는다고 합니다. 이 정도면 자연계에서 가장 많이 존재하는 분자라고 할 수 있겠지요.

녹말과 셀룰로오스는 어떻게 다를까요? 식물에서 만들어지는 포도당은 알파(α) 포도당과 베타(β) 포도당의 2종류가 있습니다. 그림을 보면, 알파 포도당과 베타 포도당은 같은 모양을 하고 있지만, 오직 한 곳에서 차이가 납니다.

알파 포도당과 베타 포도당 분자 사이의 아주 작은 차이는 녹말과 셀룰로오스라는 아주 큰 차이를 만들어 냅니다. 어떤 차이일까요?

알파 포도당이 여러 개 중합되면 녹말 분자가 만들어집니다. 녹말은 사람 몸에서 분해, 흡수되어 에너지를 내는 물질

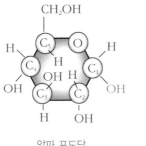

알파 포도당
1번 탄소에 −OH가
아래쪽을 향한다.

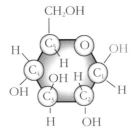

베타 포도당
1번 탄소에 −OH가
위쪽을 향한다.

이지요. 우리가 먹는 주식에는 녹말이 많습니다. 베타 포도 당이 여러 개 중합되면 셀룰로오스 분자가 만들어집니다. 셀룰로오스는 사람 몸에서는 분해되지 않는 물질입니다.

이런 모양이 계속 이어지면 녹말 분자가 만들어진다.

녹말

이런 모양이 계속 이어지면 셀룰로오스 분자가 만들어진다.

셀룰로오스

알파 포도당과 베타 포도당 사이의 아주 작은 차이가 이렇게 큰 차이를 만들어 내는 것이 바로 자연의 신비이지요. 베타 포도당 분자가 많이 모여 만들어지는 셀룰로오스 분자는 물에 녹지 않고 수분을 흡수하는 성질이 있습니다. 또 셀룰로오스 분자가 아주 많이 모이면 섬유가 됩니다. 셀룰로오스는 천연 섬유인 면이나 종이의 원료가 된답니다. 예를 들면, 솜은 거의 순수한 셀룰로오스로 이루어진 섬유입니다.

안타까운 것은, 이렇게 자연계에 많이 존재하는 셀룰로오

스 분자를 사람의 식량으로는 쓸 수 없다는 점입니다. 왜냐하면 사람의 몸에는 셀룰로오스를 분해하는 효소가 없기 때문입니다. 반면에 초식 동물의 장에는 셀룰로오스를 분해하는 미생물이 살고 있습니다. 그래서 초식 동물은 들에 핀 풀을 뜯어먹고 살 수 있습니다. 그러니까 사람에게 있어서 셀룰로오스 분자는 아무리 먹어도 살찌지 않는 좋은 다이어트 식품인 셈입니다.

과학자의 비밀노트

세 번째 수업 정리

• 물에 녹지 않는 물질은 무극성 분자이다.
  • 물에 녹지 않는 물질에는 탄화수소 화합물이 많이 있다.
    • 탄화수소 화합물에는 메탄, 프로판, 단백질, 녹말, 셀룰로오스 등이 있다.

지난번에 물 분자 너랑 친한 애들은 다 봤는데 혹시 안 친한 애들은 없니?

음, 뭐 친하지 않은 친구들도 꽤 많아. 일단 기체 분자들 중에서 보자면….

메탄이나 프로판은 나와 친하지 않아. 메탄은 1개의 탄소 원자와 4개의 수소 원자가 대칭 구조로 결합되어 있고, 프로판도 역시 3개의 탄소 원자와 8개의 수소 원자가 대칭 구조로 결합되어 있어. 난 이렇게 대칭 구조의 분자들과 친하지 않아.

메탄 분자　　프로판 분자

기체 분자가 아닌 분자 중에는 어때?

양초의 주성분인 파라핀이라는 물질이 있어. 파라핀은 탄소의 원자 수가 20~30개 정도 되는데, 탄소 원자의 수가 많아지면 분자량이 점점 더 커져서 나한테 잘 녹지 않는 경향이 있지.

그러고 보니까 너랑 친하지 않은 분자들은 공통점이 있는 것 같네.

응, 나랑 친하지 않은 분자들은 모두 분자 내에 부분 전기를 띠지 않는 공통점이 있어. 그리고 주로 탄소와 수소들이 대칭적인 결합을 이루고 있지.

벤젠, 플라스틱, 메탄, 프로판, 파라핀과 같이 탄소와 수소로만 이루어진 분자를 탄화수소 화합물이라고 해. 탄화수소 화합물에는 나한테 녹지 않는 무극성 분자가 많이 있고, 또 이런 물질들은 이온화되지 않기 때문에 전류를 통하지 않지.

그렇구나.

후후, 너의 대해서 많이 알게 된 거 같아서 좋아. 친해진 느낌이야.

나도 그래.

4

원자와 원자가
사이좋게 어울리면

누이 좋고 매부 좋고, 나도 좋고 너도 좋고, 요즘 말로 하면 윈윈(win-win) 전략이지요.
원자 세계에서의 윈윈 전략은 어떤 것일까요? 그것은 원자들이 원자가전자를 함께 나누면서
더 안정한 분자를 만들어 내는 것에 비유할 수 있습니다.

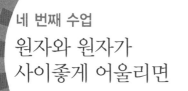

4

원자와 원자가
사이좋게 어울리면

교. 고등 화학 II   2. 물질의 구조
과.
연.
계.

폴링이 재미있는 이야기로
네 번째 수업을 시작했다.

어떤 사람이 꿈에서 두 군데의 천국에 가 보았다고 합니다.
두 곳 모두 맛있는 음식이 아주 많았는데, 한 곳에서는 모든
사람들이 배불리 먹고 행복하게 살고 있었지만, 나머지 다른
한 곳에서는 음식이 많음에도 불구하고 아무도 먹지 못하고
배고픔에 시달리고 있었다고 합니다. 과연 무슨 일이 있었을
까요?

두 곳 모두 사람들은 자기 손으로는 자기 입에 음식을 넣을
수 없는 긴 수저를 가지고 있었대요. 그런데 한 곳에서는 수
저를 사용해서 다른 사람들을 먹여 주었고, 나머지 다른 한

곳에서는 자기 수저로 자기만 먹으려고 하다가 결국은 아무 것도 먹지 못하고 배고픔에 시달리고 있었다는 이야기지요.

원자 세계에서도 상대 원자에게 베풀면 원자 자신도 더 좋아지는 일이 일어납니다. 원자들이 결합하여 분자 나라를 만들어 가는 원리가 바로 그것이지요. 각각의 원자들은 자신들이 가지고 있는 원자가전자를 상대 원자와 서로 나누어 가지면서 분자를 만듭니다. 이때 만들어진 분자는 각각의 원자들이 따로따로 있을 때보다 안정하답니다.

다시 말하면, 각 원자들은 원자 상태로 있을 때보다 원자가전자를 나누어 가지면서 형성한 분자 내에서 더 안정한 전자 배치를 가지게 된다는 것이지요.

손이 몇 개일까요?

여기 수소 원자 2개와 산소 원자 1개가 있습니다. 앞에서 배운 것처럼 수소 원자 2개와 산소 원자 1개가 결합하면 물 분자가 만들어지지요. 이때 수소 원자와 산소 원자는 어떤 방법으로 결합할까요? 바로 원자가전자를 사용합니다. 사람들이 손에 손을 잡는 것처럼 원자들은 원자가전자로 서로의

산소의 원자가전자

수소의 원자가전자

H₂O(물)는 산소 원자와 수소 원자가 서로 원자가 전자를 내놓고 전자 쌍을 함께 가지면서 만들어져요.

연결 고리를 만듭니다.

산소 원자(O)는 결합할 때 쓰는 손이 2개 있습니다. 수소 원자(H)는 1개 있고요. 그래서 산소 원자 1개는 수소 원자 2개와 손을 잡을 수 있어요. 손의 정체는 원자가전자이고요.

산소(O)의 결합 손은 2개, 수소(H)의 결합 손은 1개.

지독한 냄새가 나는 암모니아 분자는 어떻게 만들어질까요? 암모니아는 질소와 수소로 이루어져 있습니다. 질소 원자(N)에는 결합 손이 3개 있고, 수소 원자(H)에는 결합 손이

1개 있습니다. 그러니까 질소 원자 1개는 3개의 수소 원자와 손을 잡을 수 있지요.

질소(N)의
결합 손은 3개,
수소(H)의
결합 손은 1개.

천연가스에 많이 들어 있는 메탄 기체 분자는 탄소 원자와 수소 원자로 이루어져 있습니다. 탄소 원자(C)에는 4개의 손이 있고, 수소 원자(H)는 1개의 손이 있지요. 그래서 탄소 원

탄소(C)의
결합 손은 4개,
수소(H)의
결합 손은 1개.

자 1개는 4개의 수소 원자와 결합하여 메탄 분자를 만듭니다.

원자들이 결합할 때 사용하는 결합 손의 수는 원자 종류에 따라 다르답니다. 수소 원자는 1개의 손을 사용하고, 산소 원자는 2개, 질소 원자는 3개, 탄소 원자는 4개의 손을 쓰지요.

H—	—O—	—N—	—C—
(수소)	(산소)	(질소)	(탄소)
결합 손 1개	결합 손 2개	결합 손 3개	결합 손 4개

결합에 쓰이는 손의 정체는?

원자들이 결합할 때 사용하는 손의 정체는 바로 원자가전자입니다. 원자가전자는 원자핵에서 가장 먼 곳에 있는 전자들을 가리킵니다. 원자는 원자핵과 전자로 이루어져 있는데, 원자핵을 중심으로 전자들이 퍼져 있답니다.

이때 원자핵에서 가장 먼 곳에 있는 전자는 어떤 성질을 가지고 있을까요?

원자 속의 전자는 원자핵 주변에 고루 퍼져 있는데, 원자의 대부분 공간을 전자가 차지하고 있지요. 우리말에 '동에 번쩍

서에 번쩍'이라는 말이 있습니다. 바로 전자가 그렇습니다. 무슨 말이냐고요? 원자의 크기를 잠실 야구장에 비유하면 전자는 개미 정도의 크기에 비유할 수 있습니다. 이렇게 작은 전자가 빠른 속도로 움직이면서 원자 부피의 대부분을 차지하지요. 개미 한 마리가 잠실 야구장만 한 공간을 차지하려면 얼마나 빨리 움직여야 하는지 상상해 보세요. 밝혀진 바에 의하면 수소 원자 속에서 돌아다니는 전자의 속도는 초속 2,000km가 넘는답니다.

원자 속에 구름처럼 퍼져 있는 전자

수소 원자에는 전자가 1개 있으며, 그것이 바로 원자가전자입니다. 헬륨 원자에는 원자가전자가 2개 있습니다. 전자가 3개인 리튬 원자에는 원자가전자가 1개 있습니다. 2개의 전자는 원자핵에 가깝게 있고, 나머지 1개의 전자는 상대적으로 먼 곳에 있지요. 그래서 리튬 원자에서는 원자가전자가 1개입니다.

수소(H)
(원자가전자 1개)

헬륨(He)
(원자가전자 2개)

리튬(Li)
(원자가전자 1개)

원자가전자는 핵으로부터 멀리 있기 때문에 다른 전자에 비해 원자핵의 영향을 덜 받게 됩니다. 즉, 원자핵의 영향을 상대적으로 덜 받는 원자가전자는 다른 전자보다 움직임이 자유롭습니다. 경우에 따라서는 원자핵에서 아주 멀리 떨어져 나가버리기도 하고, 또 경우에 따라서는 다른 원자와 결합하는 데 사용되기도 하니까 말입니다.

그러나 원자 내부 깊숙한 곳에 있는 전자들은 이런 일을 할 수 없습니다. 원자핵에서 가까운 곳에 있기 때문에 그 원자로부터 멀어지기 어렵기 때문이지요.

원자핵에서 가까운 곳에 있는 전자들도 결합에 쓰이나요?

원자핵으로부터 가장 멀리 떨어진 곳에 위치하는 원자가전자는 원자핵 가까운 곳에 있는 전자들보다 핵의 영향을 덜 받습니다. 왕권 시대에 중앙으로부터 멀리 떨어진 지역은 중앙 정부의 영향을 덜 받고 상대적으로 자치 행정을 펼치기 쉬웠던 것처럼 말이지요. 왜 그럴까요?

원자핵에는 양의 전기를 띤 양성자가 있는데, 원자핵 주변의 전자는 음의 전기를 띠고 있습니다. 양의 전기와 음의 전기는 서로 끌어당기는 힘을 발휘하지요. 이것을 전기적인 인력이라고 합니다. 원자핵으로부터 가까운 곳은 인력이 세고, 원자핵에서 멀리 떨어진 곳은 인력이 약합니다. 이것이 바로 원자가전자들이 그 원자로부터 벗어나기 쉬운 이유랍니다.

원자핵에서 멀어진 원자가전자는 상대 원자에게 가까이 다가가지요. 물론 상대 원자에서도 같은 일이 벌어집니다. 서로 내놓은 전자는 전자쌍을 이루게 됩니다. 각각의 원자는 마치 '네 것도 내 것처럼, 내 것도 네 것처럼' 구별 없이 전자쌍을 함께 나눠 가집니다. 이것을 공유 결합, 즉 '함께 가지는 결합'이라고 합니다. 이때 함께 가지는 전자쌍을 공유 전자쌍이라고 하지요.

나누면 많아진다?

원자들이 결합할 때 전자를 내놓는다고 했는데, 이것은 자신의 전자를 잃어버리는 것이 아니라 오히려 전자를 더 많이 가지게 됩니다. 왜냐고요?

원자의 가장 바깥쪽에 있던 전자, 즉 원자가전자가 다른 원자 쪽으로 쏠리면서 다른 원자로부터 나온 전자 역시 이쪽 영역으로 들어오게 되기 때문입니다. 전자 1개를 내놓고 전자 2개를 가지게 되는 셈입니다. 각각의 원자로 보면 전자 식구가 늘어난 셈이지요. 나눌수록 많아지는 자연의 오묘한 이치입니다.

물 분자에 있는 산소 원자는, 산소 원자 상태로 있을 때보다 전자가 2개 더 많아졌다는 것을 알 수 있습니다. 또 물 분자에 있는 수소 원자는, 수소 원자 상태로 있을 때보다 전자가 각각 1개씩 더 많아졌고요. 이것은 산소 원자와 수소 원자에서 각각 원자가전자 1개씩을 내놓아 공유 전자쌍을 이루면서 공유 결합을 형성하기 때문이랍니다.

산소로부터 나온 전자

수소로부터 나온 전자

암모니아 분자에 있는 질소 원자는, 질소 원자 상태로 있을 때보다 전자가 3개 더 많아졌고, 수소 원자는 전자가 각각 1개씩 더 많아졌습니다. 함께 나누어 가지는 전자쌍을 결합으로 그리면 이렇게 되지요.

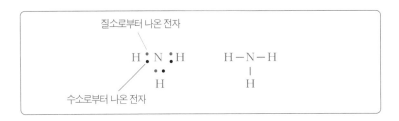

질소로부터 나온 전자

수소로부터 나온 전자

아하! 전자를 함께 나누어 가지는 것이 바로 공유 결합이군요

'네 것도 내 것처럼, 내 것도 네 것처럼' 생각하면서 전자를 함께 나누면 원자 간에 결합이 만들어집니다. 원자들이 결합하여 분자를 만들어 내는 것이지요. 이 결합을 공유 결합이라 하는데, 공유 결합에 쓰이는 전자쌍이 바로 결합하는 손이지요. 여기서, 원자 간에 주고받는 전자는 원자핵에서 가장 멀리 떨어져 있는 원자가전자에만 해당되는 것이고요.

원자마다 전자를 내놓으려는 성질은 조금씩 차이가 납니다. 어떤 원자는 전자 내놓기를 아주 좋아하고, 어떤 원자는 전자 내놓기를 그리 좋아하지 않습니다. 거꾸로 말하면 어떤 원자는 다른 원자에 있는 전자를 적극적으로 끌어오려고 하고, 어떤 원자는 전자 끌어오는 것에 그리 적극적이지 않고요. 이런 차이 때문에 공유 결합에서 전자를 함께 나누는 정도에 차이가 생깁니다. 분자가 극성을 띠게 되는 것은 바로 이런 이치랍니다.

오늘 수업은 여기서 마치고, 다음 시간에는 원자 간에 함께 나눠 가지는 전자들이 과연 공평하게 나누어지는지 알아보기로 하지요. 원자 세계에도 약육강식이 있다는 것을 알게 됩니다.

과학자의 비밀노트

네 번째 수업 정리

• 원자들이 결합할 때 쓰는 손의 정체는 원자가전자이다.

• 한 원자에서 내놓은 전자 1개와 상대 원자에서 내놓은 전자 1개는 서로 짝을 이루는데, 이것을 공유 전자쌍이라고 한다.

• 공유 전자쌍으로 이루어진 결합을 공유 결합이라 한다.

선생님,
어제 진짜 재미있는 꿈을 꿨어요.

재미있는 꿈?
어떤 꿈인가요?

두 곳을 여행하는 꿈이었는데 두 곳 모두 엄청난 음식이 차려진 식탁에 아주 긴 수저가 놓여 있었어요.

처음 간 곳에서는 긴 수저를 사용해 그 맛있는 음식을 서로 먹여주었는데, 두 번째 간 곳에서는 자기 수저로 자기만 먹으려고 하다가 결국은 아무것도 먹지 못하고 있었어요.

하하, 그건 좋은 일을 상대에게 베풀면 모두 행복해진다는 교훈이 있는 꿈이네요. 마치 원자의 세계 같네요.

원자의 세계요?

원자의 세계에서도 상대 원자에게 베풀면 원자 자신이 더 좋아지는 일이 일어난답니다. 원자들이 결합하여 분자를 만들어 가는 원리가 바로 그것이에요.

각각의 원자들은 자신들의 원자가전자를 상대 원자와 서로 나누어 가지면서 분자를 만들어요. 이때 만들어진 분자는 각각의 원자들이 따로따로 있을 때보다 더 안정하게 됩니다. 즉, 서로 도와 안정한 모습을 만드는 거지요.

저도 좋은 것은 친구와 나누면서 우정을 돈독히 다지겠어요.

5

원자 세계의 약육강식

자연의 동물 세계는 약육강식이 철저하게 작용합니다. 강한 동물이 약한 동물을 잡아
먹고, 약한 동물은 강한 동물에게 먹히는 것이지요.
그러면 원자 세계의 약육강식이란 무엇일까요?

5

다섯 번째 수업
원자 세계의 약육강식

폴링이
원자 세계의 약육강식에 대한
다섯 번째 수업을 시작했다.

　평화로워 보이는 밤하늘의 우주에도 약육강식의 법칙이 존
재합니다.

　안드로메다은하 주변을 배회하다 잡아먹힌 난쟁이 은하의
잔해가 발견된 것으로 인해 생긴 말입니다. 큰 은하가 작은
은하를 먹어 치우다니! 약육강식은 인간 사회, 자연계뿐 아
니라 우주의 법칙이기도 한 셈입니다.

　자연을 구성하는 원자의 세계에도 약육강식이 있습니다.
여기서는 큰 원자가 작은 원자를 잡아먹는다는 말은 아닙니
다. 원자 세계의 약육강식이란 무엇을 비유하는 것일까요?

원자의 종류는 어떻게 결정될까요?

원자는 원자핵 속의 양성자와 핵 주변의 전자로 이루어져 있습니다. 원자핵 속에는 중성자도 들어 있지만, 중성자 이야기는 나중으로 미루지요. 모든 원자는 원자핵 속의 양성자 수와 핵 주변의 전자 수가 서로 같답니다. 양의 전기를 띠는 양성자와 음의 전기를 띠는 전자의 수가 같으므로 원자는 전기적으로 중성입니다.

원자 성질은 양성자의 수에 따라 결정되며, 양성자의 수를 원자 번호로 표시합니다.

또한 모든 원자는 양성자의 수만큼 전자를 가집니다. 그래서 원자는 항상 중성이랍니다. 중성인 원자가 전자를 잃거나 얻으면 이온이 되는 것이고요.

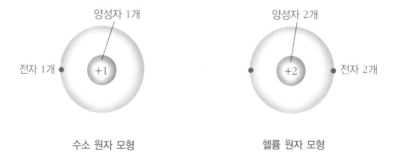

수소 원자 모형   헬륨 원자 모형

양성자가 1개인 수소는 원자 번호가 1이고, 양성자가 2개
인 헬륨은 원자 번호가 2입니다. 즉, 양성자의 수가 바로 원
자 번호랍니다. 그러니까 원자 번호 6인 탄소는 양성자 6개,
전자 6개를 가지고 있고, 원자 번호 7인 질소는 양성자 7개,
전자 7개를 가지고 있습니다.

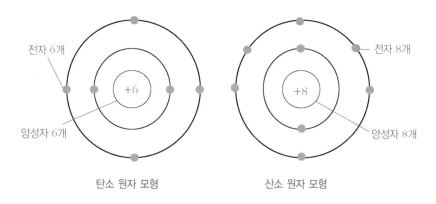

탄소 원자 모형   산소 원자 모형

원자들은 원자가전자를 사용하여 결합을 만들지요

원자 속에 있는 원자가전자는 요술쟁이 같습니다. 원자가
전자 중의 일부는 자신이 속해 있는 원자의 핵으로부터 떨어
져 나갈 듯이 멀어지다가, 다른 원자의 원자가전자와 짝을
짓기도 합니다. 이때 짝지은 전자쌍을 공유 전자쌍이라고 하

며, 공유 전자쌍으로 인해 만들어지는 결합을 공유 결합이라고 합니다.

수소 원자　　　　수소 분자　　　수소 분자의 공유 전자쌍

수소 원자 간의 공유 결합을 전자 구름으로 그려 볼까요? 전자는 마치 구름처럼 원자핵 주변에 퍼져 있답니다. 이때 원자가전자가 위치해 있는 전자 구름들이 겹치면서 결합이 일어납니다. 이것을 공유 결합이라고 하지요.

전자 구름으로 나타낸 수소 분자 모형

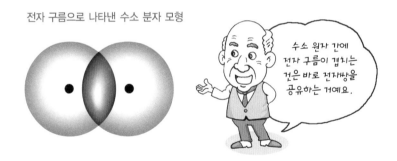

메탄은 가정에서 취사용으로 많이 쓰이는 연료입니다. LNG라고 부르는 연료의 주성분이 바로 메탄이랍니다. 상온에서 기체 상태의 분자인 메탄은 어떤 모양을 하고 있을까요?

메탄은 4개의 수소 원자와 1개의 탄소 원자로 이루어진 분자입니다. 수소 원자와 탄소 원자 간에 공유 결합으로 만들어진 분자이지요. 탄소와 수소 원자 간에 공유 전자쌍이 무려 4개나 있답니다.

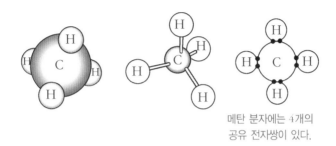

메탄 분자에는 4개의
공유 전자쌍이 있다.

메탄 분자(CH_4)를 나타내는 몇 가지 모형

수소 분자 모형의 공유 전자쌍은 각 수소 원자의 핵으로부터 같은 거리만큼 떨어져 있습니다. 그러나 염화수소 분자처럼 서로 다른 원자로 이루어진 분자는 그렇지 않습니다. 왜 그럴까요?

수소 분자는 2개의 수소 원자 간에 전자를 끌어당기는 힘의 크기가 같습니다. 그래서 공유 전자쌍은 두 수소 원자의 핵으로부터 같은 거리에 있습니다.

염화수소 분자는 수소 원자의 원자가전자 1개와 염소 원자

$$H \quad \vdots \quad H$$

공유 전자쌍

H_2 분자의 공유 전자쌍은
두 원자로부터 같은 거리에 있다.

$$H \quad \vdots \quad Cl$$

공유 전자쌍

HCl 분자의 공유 전자쌍은
두 원자로부터 다른 거리에 있다.

의 원자가전자 1개가 서로 짝을 짓는 것이지요. 이때 공유 전자쌍은 염소 원자에 더 가까운 곳에 있는데, 그 까닭은 염소 원자가 수소 원자보다 전자를 끌어당기는 힘이 세기 때문입니다. 이 힘을 전기 음성도라고 합니다.

전기 음성도는 분자 내에서 전자를 끌어당기는 능력이다

염소 원자와 수소 원자는 분자 내에서 공유 전자쌍을 끌어당기는 힘에 차이가 있습니다. 그래서 공유 전자쌍을 균등하고 공평하게 나누어 가지는 것이 아니라, 힘이 센 염소 원자 쪽으로 공유 전자쌍이 더 많이 끌려가는 것이랍니다. 그 결과, 염화수소 분자 내에서 염소 원자는 음의 부분 전하(δ^-)를 띠고, 수소 원자는 양의 부분 전하(δ^+)를 띠게 됩니다. 이런 분자를 극성 공유 결합 분자라고 하지요.

아하, 원자 세계의 약육강식이 바로 이것이군요!

공유 전자쌍으로 결합된 분자에는 극성을 띠는 것도 있고, 극성을 띠지 않는 것도 있습니다.

수소 분자처럼 같은 원자로 이루어진 분자는 공유 전자쌍이 두 수소 원자의 가운데 지점에 위치하며 일직선 모양을 이루기 때문에 극성을 띠지 않습니다. 그러나 염화수소 분자나 물 분자처럼 다른 원자로 이루어진 분자는 공유 전자쌍이 두 원자의 가운데 지점에 위치하는 것이 아니라, 전기 음성도가 더 큰 원자 쪽으로 끌려갑니다. 그 결과 공유 전자쌍이 더 많

공유 전자쌍이 중앙에 있으면 무극성 분자가 돼요. 공유 전자쌍이 어느 한쪽으로 치우치면 극성 분자가 되지요.

$$\delta^+ \qquad \delta^-$$
$$H \;:\; Cl$$

염화수소(HCl) 분자에서 공유 전자쌍은 염소 쪽으로 치우친다.

이 끌려간 원자 쪽에 음의 전하가 더 많이 분포되고, 반대쪽의 원자에는 상대적으로 음의 전하가 부족해집니다. 그러니까 양의 전하를 띠게 되는 것이지요.

원자 세계의 약육강식이란 바로 공유 전자쌍을 가운데 두고 벌어지는 원자 간의 힘겨루기 시합이라 할 수 있습니다. 전기 음성도가 큰 원자가 공유 전자쌍을 더 많이 끌어당기며, 힘이 적은 원자는 공유 전자쌍을 빼앗기게 되니까 말입니다.

무극성 분자와 극성 분자에는 어떤 것이 있나요?

극성이 없는 분자를 무극성 분자라고 합니다. 무극성 분자

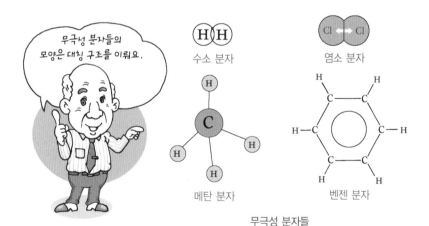

무극성 분자들의 모양은 대칭 구조를 이뤄요.

수소 분자

염소 분자

메탄 분자

벤젠 분자

무극성 분자들

에는 수소 분자(H_2)나 염소 분자(Cl_2)처럼 같은 종류의 원자로 이루어진 분자가 있는가 하면, 메탄(CH_4)이나 벤젠(C_6H_6)처럼 원자의 종류는 다르지만 분자의 구조가 대칭을 이루기 때문에 극성을 띠지 않게 되는 분자도 있습니다. 왜 그럴까요?

분자 구조가 대칭을 이루면 원자 간에 공유 전자쌍이 균등하게 나누어지지 않았더라도 분자 전체로 보면 극성이 상쇄되는 효과가 나타납니다. 그래서 분자는 극성을 띠지 않게 되는 것이고요. 그림을 보면 무극성 분자의 모양은 모두 대칭이라는 것을 알 수 있지요.

분자 내에 극성이 있으면 극성 분자라고 부릅니다. 극성 분자로는 물(H_2O)이나 염화수소(HCl) 분자가 있습니다. 물 분자는 산소 원자와 수소 원자의 전기 음성도가 다를 뿐만 아니라, 산소 원자에 있는 비공유 전자쌍으로 인해 극성을 띠게 됩니다. 그림에서 보듯이 물 분자의 모양은 대칭을 이루지 않습니다.

염화수소 분자는 분자 모양이 대칭을 이루지만, 염소 원자와 수소 원자 간의 전기 음성도 차이에 의해 극성을 띠게 됩니다.

지독한 냄새가 나는 암모니아(NH_3)도 극성 분자랍니다. 암모니아 분자가 극성인 이유는, 질소 원자와 수소 원자 간의

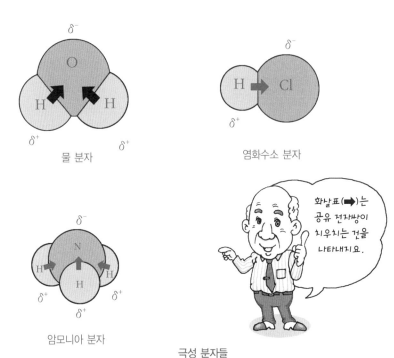

물 분자

염화수소 분자

암모니아 분자

극성 분자들

전기 음성도 차이와 더불어 질소 원자에 있는 비공유 전자쌍 때문입니다. 즉, 암모니아 분자의 모양도 대칭을 이루지 않습니다.

정리하자면, 분자 모양이 대칭을 이루면 무극성 분자가 만들어집니다. 또 분자의 모양이 대칭을 이루지 않으면 극성을 띠게 됩니다.

극성 분자인 물은 전기를 띤 물체에 끌리고, 무극성 분자인 벤젠은 전기를 띤 물체에 끌리지 않습니다.

물(극성 분자)

벤젠(무극성 분자)

극성 분자는 전기를 띤 물체에 끌리고 무극성 분자는 전기를 띤 물체에 끌리지 않아요.

과학자의 비밀노트

다섯 번째 수업 정리

- 원자의 종류는 원자핵 속의 양성자의 수에 의해 결정된다. 양성자의 수는 원자 번호로 표시한다.
- 분자 내에서 원자가전자를 끌어당기는 상대적인 힘을 전기 음성도라 한다.
- 공유 결합 분자에서 전기 음성도가 큰 원자는 공유 전자쌍을 더 많이 끌어당긴다.
  - 분자 모양이 대칭이면 무극성 분자이고, 대칭이 아니면 극성 분자이다.

저 동물의 세계처럼 원자의 세계에도 약육강식의 원리가 적용된다는 걸 알고 있나요?

무슨 말씀이세요?

원자는 원자핵과 그 주변을 돌고 있는 전자로 이루어져 있어요. 원자핵 속의 양성자 수는 전자의 수와 같기 때문에 원자는 전기적으로 중성을 띱니다. 여기까진 알겠죠?

예.

원자핵에서 가장 먼 곳에 있는 전자들을 원자가전자라고 하는데, 한 원자의 원자가전자는 다른 원자의 원자가전자와 짝을 짓기도 합니다. 짝지은 전자쌍을 공유 전자쌍이라고 하고, 이때 만들어지는 결합을 공유 결합이라고 해요.

공유 결합! 알겠어요.

공유 결합 물질 중에 수소 분자(H_2)는 2개의 수소 원자 간에 전자를 끌어당기는 힘의 크기가 같아 공유 전자쌍이 두 수소 원자의 핵으로부터 같은 거리만큼 떨어져 있답니다. 하지만 서로 다른 원자로 이루어진 공유 결합 물질은 형태가 조금 다릅니다.

H : H
공유 전자쌍

어떻게요?

예를 들면 염화수소 분자에서 염소 원자가 수소 원자보다 전자를 끌어당기는 힘이 세기 때문에 공유 전자쌍이 염소 원자에 더 가까운 곳에 있게 된답니다. 이 힘을 전기 음성도라고 하는데, 전기 음성도는 분자 내에서 전자를 끌어당기는 능력이랍니다.

H : Cl
공유 전자쌍

다시 말해서 염소 원자와 수소 원자는 분자 내에서 공유 전자쌍을 끌어당기는 힘에 차이가 있어서 힘이 센 염소 원자 쪽으로 공유 전자쌍이 더 많이 끌려가 있답니다.

아, 그래서 원자의 세계에도 약육강식의 원리가 적용된다고 하신 거군요.

양이온과 음이온이
차곡차곡 쌓이면

몇백 ℃로 가열해도 분해되지 않는 소금을 보면 신기한 생각이 듭니다.
높은 온도에서도 소금 결정 속의 나트륨 이온과 염화 이온이
제자리를 지킬 수 있는 까닭은 무엇일까요?
이온 결정이 만들어지는 원리에 대해 알아봅시다.

6

여섯 번째 수업

양이온과 음이온이
차곡차곡 쌓이면

폴링이 소금 결정 속의
비밀에 대한 이야기로
여섯 번째 수업을 시작했다.

소금은 나트륨 이온(Na^+)과 염화 이온(Cl^-)이 결합해 만들어
진 염화나트륨($NaCl$)입니다. 인체에 강한 독성을 나타내는
수산화나트륨($NaOH$)과 염산(HCl)을 합치면 우리의 몸에 꼭
필요한 소금이 만들어지는 것이지요. 이게 바로 화학의 신비
입니다.

소금 결정 속에 숨어 있는 비밀

　소금, 즉 염화나트륨은 나트륨과 염소로 이루어져 있습니다. 하얀 소금 알갱이는 나트륨 이온과 염화 이온이 차곡차곡 쌓여서 만들어진 것입니다. 나트륨 원자는 전자를 하나 잃고 양이온이 되면 더욱 안정해지고, 염소 원자는 그와 반대로 전자를 하나 얻어 음이온이 되면 안정해지는 특성이 있습니다. 나트륨 이온과 염화 이온은 규칙적으로 쌓이는데, 1개의 나트륨 이온을 6개의 염화 이온이 둘러싸고 있습니다. 또, 1개의 염화 이온은 다시 6개의 나트륨 이온에 둘러싸이게 되고요. 이온들이 교대로 쌓이게 되니까 이온들은 서로 들러붙게 된답니다.

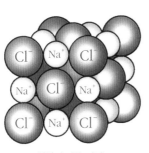

염화나트륨 결정

고체 상태의 이온 결정은 이온들이 일정한 배열로 차곡차곡 쌓여 있어요.

소금을 구우면 어떻게 될까?

소금은 나트륨 이온과 염소 이온이 교대로 단단하게 뭉쳐진 덩어리이기 때문에 매우 높은 온도에서도 분해되기 어렵습니다. 우리가 식탁에서 맛보는 소금 중에는 구운 소금이라는 것이 있습니다. 이것은 소금을 $800\,^\circ\text{C}$ 이상으로 가열한 것인데, 이런 온도에서 소금은 액체 상태가 되기는 하지만, 나무처럼 타 버리지는 않는답니다. 그 까닭은 바로, 나트륨 이온과 염화 이온이 차곡차곡 쌓여 있어서 공기 중의 산소와 화학적으로 결합하기 어렵기 때문이지요. 그래서 뜨겁게 녹인 소금을 다시 식히면 본래의 소금으로 돌아가 버릴 뿐이고 조금도 달라지지 않습니다. 이 소금의 정체가 바로 구운 소금이랍니다.

결정 속의 이온들을 서로 떼어내는 방법은 없을까?

몇백 $^\circ\text{C}$의 온도에서도 소금 결정 속의 이온들은 서로 떨어지지 않는다는 것을 알았습니다. 그러면 이렇게 단단하게 들러붙어 있는 이온들을 서로 떼어내는 방법이 없을까요? 누구나 약점은 있는 법, 염화나트륨도 약한 구석이 있습니다. 물을 만나면 한없이 약해집니다.

지구상에 지천으로 널려 있는 '물'은 단단하게 서로 달라붙어 있는 나트륨 이온과 염화 이온들을 떨어뜨릴 수 있는 힘을 가지고 있습니다. 물 분자가 극성을 띠기 때문이지요. 즉 전기적 극성을 가진 물 분자들이 전하를 가진 이온들을 안정화시키기 때문입니다.

물 분자가 염화나트륨 결정 속의 나트륨 이온과 염화 이온을 잘 분리시키는 까닭은 물 분자의 극성 때문이지요. 물 분자의 산소 원자 쪽은 음의 전기를 띠고 있기 때문에 나트륨 이온과 같은 양이온이 쉽게 들러붙습니다.

그와 반대로 물 분자의 수소 원자 쪽은 양의 전기를 띠고 있기 때문에 염화 이온과 같은 음이온이 쉽게 들러붙습니다.

소금이 물에 용해되는 모습

이런 과정이 진행되는 것을 용해라고 하지요. 염화나트륨은 물속에서 완전히 용해되는 아주 좋은 전해질입니다.

염화나트륨은 사람의 생명 유지를 위해 반드시 필요한 물질이기도 합니다. 물속에서 이온화된 나트륨 이온과 염화 이온들은 물의 화학적 성질을 변화시켜 그 속에서 일어나는 화학 반응에 영향을 주게 됩니다. 그래서 정교한 화학 반응으로 생명이 유지되는 우리 몸에는 적당한 양의 소금이 녹아 있어야만 하지요. 소금과 같은 전해질이 너무 적거나 너무 많으면 세포에서의 물질 대사에 심각한 문제가 생기고, 자칫하면 생명이 위험하게 될 수도 있기 때문입니다.

이온 결정이 만들어지는 원리

나트륨 원자는 전자 1개를 잃어버리고 나트륨 양이온으로 되려는 성질이 아주 큽니다. 나트륨 양이온이 되면 더 안정해지기 때문이지요. 염소 이온은 전자 1개를 얻어 염화 음이온으로 되려는 성질이 아주 크답니다. 염소 원자는 음이온이 되었을 때 더 안정해지기 때문이지요.

나트륨 원자는 전자 내놓기를 좋아하고, 염소 원자는 전자

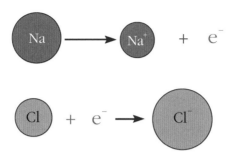

전자를 잃으면 양이온이 만들어지고,
전자를 얻으면 음이온이 만들어진다.

받기를 좋아하니까 둘 사이에 전자를 주고받으면서 서로 좋아지게 된답니다. 양이온과 음이온은 서로 다른 종류의 전기를 띠기 때문에 서로 끌어당기는 힘이 작용하는 것이지요. 이런 힘에 의해 이온들이 쌓이는 것을 이온 결합이라 하고, 이온 결합으로 이루어진 물질을 이온 결정이라 합니다.

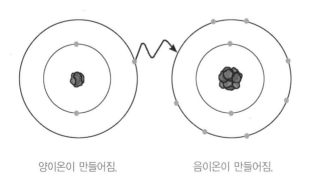

양이온이 만들어짐.   음이온이 만들어짐.

전자를 내놓는 원자와 전자를 받는 원자

원자 세계에서 모든 원자들이 전자를 내놓으려고만 한다면 자연계는 만들어질 수 없었을 것입니다. 모든 원자들이 전자를 받으려고만 한다고 해도 마찬가지고요.

하지만 자연은 참으로 신비합니다. 원소 중에는 전자 내놓기를 좋아하는 것이 있는가 하면, 전자 얻기를 좋아하는 것도 있습니다. 주는 쪽이 있으면 받는 쪽이 있는 것이 또 하나의 자연 법칙입니다.

나트륨처럼 전자 내놓기를 좋아하는 원소를 금속 원소라고 합니다. 우리가 아는 금속에는 알루미늄, 철, 아연 등의 원소가 있습니다. 마그네슘이나 칼슘도 금속 원소입니다. 이들은 모두 전자를 내놓기 쉬운 성질을 가지고 있습니다.

그와 반대로, 염소 원자처럼 전자 받기를 좋아하는 원소를 비금속 원소라고 합니다. 우리가 아는 비금속 원소에는 산소, 질소 원소가 있습니다. 그 외에 플루오르, 황 등의 원소도 비금속 원소입니다.

금속 원소가 전자를 잃어서 형성된 양이온과 비금속 원소가 전자를 얻어서 형성된 음이온 사이에 이루어지는 결합이 바로 이온 결합인 것입니다. 나트륨 원자, 염소 원자가 서로 전자를 주고받으면서 이온으로 되고, 이온 간에 전기적인 인력이 작용하여 서로 들러붙으면 결정이 만들어집니다.

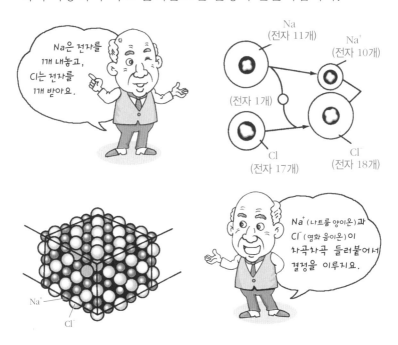

Na은 전자를 1개 내놓고, Cl는 전자를 1개 받아요.

Na
(전자 11개)

Na⁺
(전자 10개)

(전자 1개)

Cl
(전자 17개)

Cl⁻
(전자 18개)

Na⁺(나트륨 양이온)과 Cl⁻(염화 음이온)이 차곡차곡 들러붙어서 결정을 이루지요.

Na⁺

Cl⁻

염화나트륨(NaCl) 결정이 만들어지는 원리

양이온과 음이온이 쌓이는 여러 가지 방법

금속 원소와 비금속 원소가 결합하여 이루어진 물질을 이온 결정이라 합니다. 이온 결정을 화학식으로 나타낼 때는 이온의 전하를 생략하고 이온의 종류와 수만을 표시하는 것으로 약속을 정했답니다.

예를 들면, 염화나트륨은 나트륨 이온(Na^+)과 염화 이온(Cl^-)으로 이루어졌는데, 화학식으로 표시할 때는 Na^+Cl^-로 쓰지 않고 NaCl로 표시합니다.

염화세슘도 세슘 이온과 염화 이온으로 이루어져 있는데, Cs^+Cl^-로 쓰지 않고 CsCl로 씁니다. 그리고 어떤 약속이 더 있을까요?

그렇습니다. 항상 양의 전기를 띤 이온, 즉 양이온을 먼저 쓰고 음이온을 나중에 써야 한답니다.

모든 이온 결정에서 이온들이 쌓이는 방법은 서로 같을까요? 아닙니다. 결정의 종류에 따라 이온이 쌓이는 방법에는 몇 가지가 있습니다. 염화나트륨 결정과 염화세슘 결정, 황화아연 결정에서 이온이 쌓여 있는 모형을 보면, 결정마다 이온들이 쌓인 모습이 다르다는 것을 알 수 있습니다.

전자를 주고받는 것과 전자를 함께 나누는 것의 차이

염화나트륨과 같은 이온 결정은 이온 결합을 통해 만들어

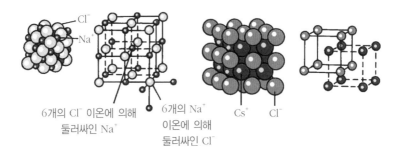

6개의 Cl⁻ 이온에 의해 둘러싸인 Na⁺ 6개의 Na⁺ 이온에 의해 둘러싸인 Cl⁻

Cs⁺   Cl⁻

염화나트륨(NaCl) 결정   염화세슘(CsCl) 결정

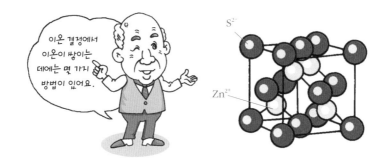

황화아연(ZnS) 결정

집니다. 이온 결합은 금속 원자에서 나온 전자가 비금속 원자로 가면서 일어나는 결합입니다. 전자를 내놓고 안정해지는 금속 원자와 전자를 얻어서 안정해지는 비금속 원자는 이런 방법으로 결합한답니다.

물 분자는 전자쌍을 공유하는 결합으로 이루어진 분자입니다. 물 분자에 있는 산소 원자의 원자가전자와 수소 원자의

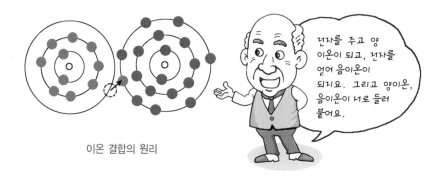

이온 결합의 원리

전자를 주고 양 이온이 되고, 전자를 얻어 음이온이 되지요. 그리고 양이온, 음이온이 서로 들러 붙어요.

원자가전자가 서로 쌍을 이루면서 결합이 일어납니다. 공유 결합이란 전자쌍을 함께 나누어 가지는 결합입니다. 전자쌍이 나뉠 때 전자를 끌어당기는 힘이 큰 원자 쪽으로 전자가 더 많이 끌려가는 것은 어쩔 수 없는 원자 세계의 약육강식이랍니다. 그 결과, 공유 결합에서도 극성을 띠는 분자가 생기게 되는 것이고요.

공유 결합의 원리

전자를 완전히 주고받는 것이 아니라 조금씩 서로 내놓고 함께 공유해요. 즉, 공유 전자쌍으로 결합이 일어나지요.

과학자의 비밀노트

여섯 번째 수업 정리

- 이온 결합으로 이루어진 물질을 이온 결정이라 한다.
- 이온 결정은 양이온과 음이온이 일정한 배열로 쌓여 만들어진다.
- 이온 결합은 전자를 주고받으면서 이루어진다.
  - 공유 결합은 전자쌍을 함께 나누어 가지면서 이루어진다.

만화로 본문 읽기

지난번에 만난 네 친구, 염화나트륨(NaCl)에 대해서 자세히 좀 알려 줄래?

염화나트륨(NaCl)은 나트륨 이온(Na⁺)과 염화 이온(Cl⁻)으로 만들어진 소금이지.

어머, 사람 몸에 꼭 필요한 좋은 친구구나.

당연하지. 염화나트륨의 나트륨 원자는 전자를 하나 잃고 양이온이 되면 더욱 안정해지고, 반대로 염소 원자는 전자를 하나 얻어 음이온이 되면 안정해지는 특성이 있어.

자, 여기 전자!

오홋~!

전자

염화나트륨

염소

나트륨 이온과 염화 이온은 규칙적으로 쌓이는데, 1개의 나트륨 이온을 6개의 염화 이온이 둘러싸고 1개의 염화 이온은 6개의 나트륨 이온에 둘러싸여 있어. 이처럼 이온들이 교대로 쌓여 일정한 배열을 이루고 있어.

Cl^-

Na^+

그러면 네 친구는 열을 받으면 어떻게 되니?

소금은 매우 높은 온도에서도 분해되기 어려워. 800℃이상으로 가열한 구운 소금이라는 것도 있지. 이런 온도에서 소금은 액체 상태가 되기는 하지만 타지는 않아.

난 800℃ 이상 되어도 타지 않아.

소금

소금은 참을성이 많구나.

그건 나트륨 이온과 염화 이온이 차곡차곡 쌓여서 공기 중의 산소와 화학 결합하기 어렵기 때문이야. 그래서 뜨겁게 녹인 소금을 식히면 본래의 결정으로 돌아가는 거지.

바람 쐬면 본래 모습으로 돌아갈 수 있어.

그렇구나. 오늘은 염화나트륨(NaCl)친구에 대해서 정말 많이 알게 된 것 같아.

그런데 염화나트륨도 약한 구석이 하나 있어. 나를 만나면 한없이 약해지는 친구지.

난 물에는 약해!

물

전자의 바다 : 금속 결합

반짝반짝 빛나는 광택을 내며,
열이나 전기를 잘 통하는 금속은 어떻게 이루어져 있을까요?
이제, 금속 나라로 가 봅시다.

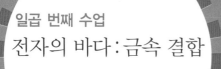

일곱 번째 수업

전자의 바다 : 금속 결합

폴링이 금속 문명의
발전에 대한 이야기로
일곱 번째 수업을 시작했다.

인류 문명은 돌과 함께 시작되었습니다.

자연 상태의 돌을 깨거나 갈아서 도구로 사용하던 석기 시대가 바로 문명의 시작이라 할 수 있으니까 말입니다. 석기 시대는 지금으로부터 몇백만 년 전에 시작되어 약 1만 년 전에 끝난 것으로 추측하고 있습니다. 돌을 사용하던 인류 조상이 금속과 접촉하게 된 것은 언제쯤이었을까요?

지금으로부터 약 7천 년 전에 사람들은 금, 은 등을 교환하기 위해 여러 곳을 돌아다녔다고 합니다. 이것이 인류가 금속과 처음 만난 때입니다.

금이나 은 같은 금속은 연하고 가공하기 쉬운 성질을 가지고 있습니다. 조금만 두드려도 원하는 모양으로 쉽게 가공되지요. 그래서 금이나 은과 같은 금속을 장신구에 많이 씁니다. 구리도 초기 발견 당시에는 장신구를 만드는 데 많이 썼다고 합니다.

　금속 원소의 성질을 전혀 알지 못했던 옛 시절에는 금속을 그냥 특수한 돌로 생각했다고 합니다. 그 후 인류가 구리 광석에서 구리 금속을 추출하는 방법을 알게 되면서 금속 문명의 시대가 열리게 되었습니다. 이것이 지금으로부터 약 5천 년 전의 일입니다.

인류 문명의 꽃을 피운 금속들

　인류의 금속 시대를 열어 준 금속은 구리입니다. 구리는 구리 광석을 녹여 얻습니다. 구리는 녹는점이 1,083℃이며, 붉은색을 띠는 금속입니다. 구리 역시 물렁물렁하기 때문에 구리만으로는 단단한 제품을 만들지 못했습니다.

　그 후, 구리와 주석의 합금인 청동을 사용하게 되었는데, 청동의 녹는점은 950℃입니다. 청동은 구리보다 녹는점이 낮아 주

조하기에 더 수월할 뿐만 아니라, 강도는 오히려 구리보다 더 높습니다. 이런 성질 덕분에 청동은 금속 시대의 첫 장을 여는 영광을 안게 되었습니다. 석기 시대 이후, 청동기 시대가 금속 문명 시대를 열었던 것입니다. 그리고 청동과 같은 합금의 출현은 중세 연금술의 발달을 촉진시켰으며, 그로 인해 화학 지식이 많이 쌓이게 되었습니다.

구리에 비하면 철은 제련하기가 쉽지 않습니다. 그 이유는 녹는점이 청동이나 구리보다 훨씬 높은 1,539℃나 되었기 때문이지요. 철광석 덩어리를 불에 달구면 연철이 만들어지는데, 연철은 구리보다 강도가 약해서 잘 쓰이지 않았습니다.

기원전 1400년쯤, 사람들은 연철을 목탄불 속에 넣어 계속 가열하면서 망치로 두들기면 연철보다 훨씬 단단한 금속을 얻게 된다는 사실을 알게 되었습니다. 이것이 바로 강철입니다.

강철은 철 표면에 목탄 가루가 흡수되어 철의 표면에 새로운 조직이 생긴 것입니다. 이리하여 철기 시대가 열리게 되었습니다. 이것은 지금으로부터 3천 5백 년 전의 일입니다.

철기 시대에는 철제 농기구를 사용하게 되어 농작물의 생산량이 크게 늘어났습니다. 그 결과, 농업뿐 아니라 사회의 모든 분야에 변화가 생기게 되었지요.

알루미늄은 1780년에 이르러서야 사용하게 된 금속입니다. 금속 중에서 매장량이 가장 많은 알루미늄은 구리나 철보다 녹는점이 훨씬 낮습니다. 매장량도 많고 녹는점도 낮은데, 왜 이렇게 최근에 이르러서야 사용하게 되었을까요?

알루미늄이 가장 최근에 사용된 까닭은 바로 알루미늄 금속의 반응성 때문입니다. 반응성이 크다는 것은 다른 원소와 화합을 잘한다는 것이지요. 그래서 알루미늄은 자연 상태에서는 언제나 화합물의 형태로만 발견된답니다.

보크사이트는 알루미늄을 함유한 화합물의 원광석입니다. 보크사이트를 가열하여 녹인 후 전기 분해를 해야만 알루미늄 금속을 얻을 수 있습니다. 그러니까 금속을 녹여 전기 분해하는 기술이 발달되기 전에 알루미늄은 전혀 사용되지 못했던 것이지요.

오늘날의 인류는 여러 가지 합금을 만들어 사용하고 있습니다. 원하는 성질을 가진 금속을 만들기 위해서 합금 기술을 사용하는 것이지요. 대표적인 합금으로는 녹슬지 않는 강철인 스테인리스강, 가볍고 견고해서 비행기 몸체를 만드는데 쓰이는 두랄루민 등이 있습니다.

금속은 어떤 성질을 가지고 있나요?

모든 금속은 반짝반짝 빛나는 광택을 가지고 있습니다. 또, 금속은 외부에서 힘을 가해도 부서지지 않습니다. 예를 들면 금속을 망치로 두들기면 얇게 펴지는 성질이 있지요. 이런 성질을 전성이라고 합니다. 금속을 실처럼 가늘게 뽑을 수도 있습니다. 이런 성질을 연성이라고 합니다.

금속 중에서 금은 가장 변형시키기 쉬운 성질을 가지고 있습니다. 넓게 펴거나 가늘게 뽑기, 또는 여러 가지 정교한 모양으로 만들기가 쉽다는 것이지요. 금을 얼마나 가늘게 뽑을 수 있을까요?

1g의 금으로 무려 2,000m 이상 잡아 늘여 가는 실처럼 만

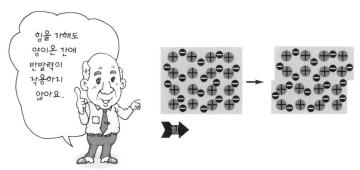

힘을 가해도 금속 결정은 부서지지 않고 변형만 일어난다.

들 수 있다고 합니다. 또, 금을 얇게 펼 수 있는데, 금박의 두께를 0.07 ㎛(마이크로미터)까지 얇게 할 수 있다고 합니다. 1 ㎛는 $\dfrac{1}{1,000,000}$ m이니까, 보통의 종이보다 훨씬 더 얇은 금박입니다.

금속은 열이나 전기를 쉽게 전달합니다. 이 성질을 이용하여 전선을 만들기도 하고 조리 기구를 만들기도 하지요.

이런 금속의 성질은 어디에서 오는 것일까요? 바로 자유 전자입니다. 금속은 금속 결합이라는 특별한 결합으로 이루어진 결정입니다.

금속 결정은 자유 전자들이 바다를 이루고 금속 양이온들이 이 바다에 떠 있는 것과 같은 모형을 하고 있습니다. 이때

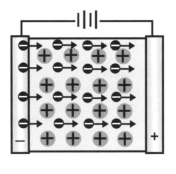

금속의 전기 전도도 모형

자유 전자는 금속 양이온 사이를 돌아다니면서 이온들을 결속시킵니다.

또 자유 전자는 금속의 열 전도성, 전기 전도성을 좋게 할 뿐만 아니라, 금속 표면의 광택까지 나게 합니다.

자유 전자의 정체는?

자유 전자는 금속 원자에서 떨어져 나온 원자가전자를 가리킵니다. 금속 원자가 모여 금속 결정을 이룰 때, 원자핵에서 가장 먼 전자 껍질에 있는 전자가 떨어져 나오게 되는데, 이것이 자유 전자입니다. 자유 전자는 금속 결정 속을 자유롭게 돌아다닙니다.

나트륨 금속을 예로 들면, 나트륨 원자당 1개의 원자가전자가 떨어져 나오고, 나트륨 양이온이 만들어집니다. 양이온은 일정한 격자를 가지고 배열하는데, 금속의 종류에 따라 배열된 모습이 다릅니다. 금속 양이온과 전자 사이에는 전기적인 인력이 미치게 되는데, 이 인력으로 금속 결정이 응집되는 것이랍니다.

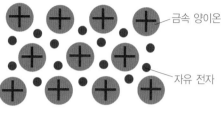

금속 결합은 금속 양이온과 자유 전자 간의
인력으로 이루어진다.

금속의 빛과 색은 어디서 오는 걸까?

금속은 다이아몬드처럼 투명하게 빛나지 않습니다. 금속은
빛을 통과시키지 않기 때문에 불투명하게 빛납니다. 이것을
금속광택이라고 합니다. 알루미늄과 은은 광택이 많이 나는
금속입니다. 이 금속들의 표면은 빛을 잘 반사하므로 거울로
사용할 수 있을 정도지요. 크롬 금속은 백색으로 빛나기 때
문에 장식용 도금으로 많이 쓰입니다.

금속의 광택은 금속에 전기가 잘 통하는 성질과 관계가 있
습니다. 빛은 전자기파인데, 주파수가 매우 큰 전자기파는
금속의 표면까지만 들어갈 수 있습니다. 즉, 빛은 금속의 표
피 두께보다 더 속으로는 들어가지 못하고 반사됩니다. 반사

되는 빛이 바로 금속의 광택이랍니다.

대부분의 금속 광택은 은백색입니다. 그런데 금은 노란 광택을 내고, 구리는 붉은 광택을 냅니다. 금은 초록에서부터 단파장 쪽이 모두 흡수되므로 반사광이 노랗게 보입니다. 구리는 백색광 중 주황에서부터 단파장 쪽이 모두 흡수되므로 반사광이 붉습니다.

금박처럼 두께가 아주 얇으면 흡수광의 일부가 미처 흡수되지 못하고 투과해 버립니다. 그래서 금박을 햇빛으로 비추면 노랗게 보이지 않는답니다. 금박에서는 초록 파장보다 긴 파장의 빛이 반사되고, 초록 부근의 빛이 투과합니다. 그래서 금박을 햇빛에 비춰 보면 초록으로 보인답니다.

금속의 결정 구조

금속은 면심입방격자, 육방밀집격자, 체심입방격자라는 구조를 이루고 있습니다. 공을 쌓아 올리는 방법에는 2가지가 있는데, 하나는 면심입방격자이고, 또 하나는 육방밀집격자입니다. 먼저 평면에 공을 촘촘하게 늘어놓는 방법은 한 가지뿐인데, 이 위에 공을 촘촘하고 빽빽하게 쌓는 방법도 한 가지뿐입니다.

그런데 3층에 공을 쌓는 방법은 1층과 똑같은 위치에 쌓을 수도 있고, 2층의 빈 곳에 쌓고 4층을 1층과 똑같이 쌓는 방법이 있습니다. 앞의 방법을 육방 쌓기라고 하며, 육방밀집격자라고 부릅니다. 뒤의 방법을 입방 쌓기라고 하며 면심입방격자라고 부릅니다. 그리고 체심입방격자는 입방체의 8개의 모서리에 공이 있고, 입방체의 중심에 공이 1개인 형태를 가리킵니다.

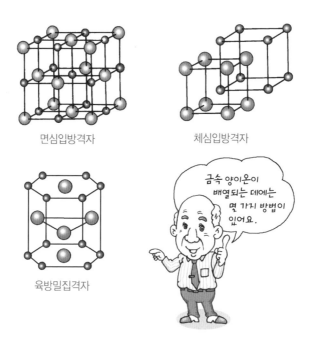

면심입방격자

체심입방격자

육방밀집격자

금속 양이온이 배열되는 데에는 몇 가지 방법이 있어요.

과학자의 비밀노트

금속의 결정격자

결정 안에 규칙적이고 주기적으로 배열해 있는 점들이 형성하는 입체적인 그물 모양의 격자를 결정격자라고 한다. 결정의 내부 구조를 연구할 때, 결정 내부의 원자·분자·이온 따위의 배열을 이 격자로 표시한다. 금속 결정의 구조를 조사해 보면 크게 3가지의 결정격자로 분류할 수 있다.

① 육방밀집격자 – 정육각형의 밑면을 가진 육각기둥 모양에 원자가 배열되어 있는데, 1개의 원자는 같은 거리에 12개의 원자로 둘러싸여 있는 결정격자.

② 면심입방격자 – 육면체의 꼭짓점과 각 면의 중심에 원자가 위치하고 있는 결정격자. (예:염화나트륨)

③ 체심입방격자 – 육면체의 각 꼭짓점과 중심에 원자가 배열되어 있는 결정격자.

금속도 병에 걸린다?

생물도 아닌 금속이 어떻게 병에 걸릴 수 있을까요? 금속은 아주 높은 온도나 낮은 온도에서 금속의 결정 구조가 바뀌는 일이 생깁니다.

자유 전자에 떠 있는 금속 이온들이 원래의 배열을 지키지 못하고 위치를 바꾸게 되는 것이지요. 이것을 금속의 변태라고 부릅니다.

예를 들면, 수백 년 전 러시아에서 기온이 −38℃에 이르자 많은 파이프 오르간의 파이프가 모두 부서져 버린 일이 발생했다고 합니다. 왜 그랬을까요?

파이프 오르간의 파이프는 주석으로 만들어졌는데, 금속인 주석은 저온이 되면 비금속 상태인 회색 주석으로 바뀌는 변태가 생긴다고 합니다. 그래서 단단하고 굳은 모양을 하고 있던 금속이 단단하지 못한 비금속으로 변해 녹아내렸던 것이지요. 이 현상을 주석 페스트 혹은 주석 병이라고 불렀답니다. 마치 주석이 페스트에 걸린 것처럼 말입니다.

금속의 장래

인류 문명과 더불어 전성기를 맞던 금속들이 어떻게 변해 왔는지 알아볼까요?

청동기 시대의 주인공인 구리는 현대에 와서 전기용 이외에는 대폭적으로 다른 재료로 대체되었습니다.

철기 시대의 주인공이었던 철도 구조재나 전자기 재료로서는 부동의 자리를 지키고 있습니다. 그러나 일반 용품에서는 알루미늄, 플라스틱에 상당한 자리를 내주고 말았지요.

알루미늄도 가볍고 가공성이 좋아 건축 재료, 식기, 항공기 재료로서 아직 확고한 자리를 유지하고 있습니다. 그러나 항공기에서는 내열성이 우수한 티탄 금속으로 많이 대체되고 있는 실정이지요.

옛 문명 시대에 주로 쓰이던 금속들이 이제 자취를 감추게 될까요? 그렇지는 않습니다.

옛 시대의 주인공이었던 철, 구리, 알루미늄은 장래에도 인류의 기술 문명을 지탱하는 금속 재료로서의 중요성을 잃는 일은 없을 것입니다. 다만, 각각 금속의 사용량이나 사용법은 조금씩 변할 수 있겠지요.

과학자의 비밀노트

일곱 번째 수업 정리
- 금속 결정은 금속 결합으로 만들어진다.
- 금속 결합은 금속 양이온과 자유 전자와의 인력으로 이루어진다.
- 자유 전자는 금속 원자의 원자가전자가 떨어져 나온 것이다.
  - 금속 내의 자유 전자로 인해 금속의 여러 가지 성질이 나타난다.

만화로 본문 읽기

선생님, 비행기 몸체는 어떤 금속으로 만드는 건가요?

가볍고 견고한 두랄루민이란 금속으로 만들지요. 합금 기술을 이용하여 원하는 금속을 만들 수 있는데 두랄루민과 스테인리스스틸이 대표적인 합금이지요.

금속은 반짝반짝 빛나는 광택을 가지고 있는데, 그 밖에도 어떤 성질들이 있나요?

금속을 망치로 두들기면 얇게 퍼지기도 하고 실처럼 가늘게 뽑을 수도 있지요.

그러면 금속을 여러 가지 정교한 모양으로 만들기가 쉽겠네요.

그럼요. 1g의 금을 2천 m 이상 잡아 늘여 가는 실처럼 만들 수도 있고, 또 얇게 펴면 종이보다 훨씬 더 얇은 0.07㎛두께의 금박도 만들 수 있어요.

또 금속은 열이나 전기를 쉽게 전달하지요. 이 성질을 이용하여 전선이나 조리 기구를 만들 수 있어요.

금속은 왜 이런 성질들을 나타내요?

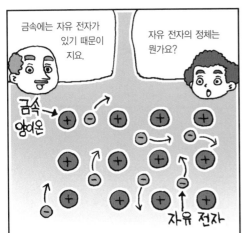

금속에는 자유 전자가 있기 때문이지요.

자유 전자의 정체는 뭔가요?

금속
양이온

자유 전자

금속 양이온 사이를 돌아다니면서 이온들을 결속시키지요. 또 금속의 열 전도성, 전기 전도성을 좋게 할 뿐만 아니라, 금속 표면의 광택까지 나게 해요.

정말 금속은 열 전도성이 좋은가 봐요. 벌써 라면이 다 끓었어요. 히히.

후루룩~

오비탈은 전자가 사는 방

원자는 양성자, 중성자, 전자로 이루어져 있습니다. 양성자와 중성자는
원자핵 속에 강한 힘으로 뭉쳐 있고, 전자는 원자핵 주변에 퍼져 있답니다.
그러면 전자는 어떤 모양으로 퍼져 있을까요?

마지막 수업

오비탈은 전자가
사는 방

폴링이 원자에 대한 이야기로 마지막 수업을 시작했다.

원자는 물질을 구성하는 가장 작은 입자입니다.

원자 속의 전자 분포를 이야기하려면, 먼저 원자가 어떤 모습을 하고 있는지를 알아야 합니다. 원자를 일컫는 'atom'이라는 말의 어원은 '나눌 수 없는'이라는 뜻을 가진 그리스 어 'atomos'에서 유래한 것이지요. 핵반응 이외에 원자가 쪼개지는 일은 없습니다.

돌턴(John Dalton, 1766~1844)이 처음으로 제안한 것은 '원자는 더 이상 쪼갤 수 없는 딱딱한 공 모양의 입자이며, 어떤 반응을 하더라도 소멸되거나 새로 생기지 않는다'는 것이었습니다.

그 후 톰슨(Joseph John Thomson, 1856~1940)에 의해 전자의 존재가 밝혀지면서 원자는 양의 전기를 띤 공 모양의 입자에 음의 전기를 띤 전자가 여기저기 박혀 있다고 생각하게 되었습니다.

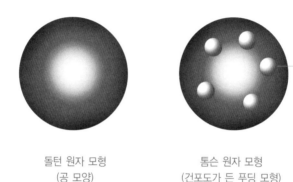

전자

돌턴 원자 모형
(공 모양)

톰슨 원자 모형
(건포도가 든 푸딩 모형)

톰슨이 제안한 원자 모형에 모순이 있다는 것이 러더퍼드(Ernest Rutherford, 1871~1937)에 의해 밝혀졌지요. 러더퍼드는 실험을 통해 원자 중심부에 양의 전기를 가진 작은 부분이 있다는 것을 밝혀내고, 이것을 원자핵이라고 불렀습니다. 원자핵에는 양성자가 중성자와 강한 힘으로 뭉쳐 있습니다.

러더퍼드는 원자 속의 전자가 원자핵을 중심으로 일정한 길을 따라 돌고 있다고 생각했습니다. 이 모형에는 결정적인 모순이 있었습니다.

양의 전기를 띤 원자핵 주변을 음의 전기를 띤 전자가 일정한 궤도를 따라 돌고 있다면, 이 전자는 언젠가 원자핵으로 끌려 들어가야 하겠지요. 양의 전기와 음의 전기 사이에 인력이 작용하니까요. 그러나 원자 내부에서 그런 일은 일어나지 않습니다. 이것이 결정적인 모순이지요.

보어(Niels Bohr, 1885~1962)는 전자가 특별한 조건을 만족하는 상태에서만 존재할 수 있다는 가설을 세우고, 수소 원자에서 방출되는 푸르스름한 빛깔의 선 스펙트럼을 설명하기 위해 수소 원자의 모형을 제안했습니다.

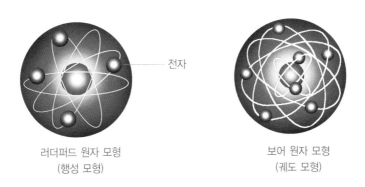

러더퍼드 원자 모형
(행성 모형)

보어 원자 모형
(궤도 모형)

이제까지 밝혀진 바에 의하면, 원자는 양전하를 가진 원자핵 주변에 음전하를 가진 전자가 구름처럼 퍼져 있는 모양을 하고 있습니다.

원자의 크기는 대략 10nm(1나노미터는 $\frac{1}{1,000,000}$ mm) 정도이고, 원자핵의 크기는 원자의 $\frac{1}{10,000}$ 정도이며, 전자 크기는 원자핵의 $\frac{1}{100,000}$ 정도에 지나지 않습니다. 원자 크기를 야구장에 비유하면, 원자핵은 야구공 정도의 크기이고, 전자는 개미 정도의 크기에 해당합니다.

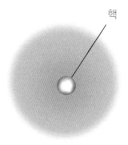

현대 원자 모형
(오비탈 모형, 전자 구름 모형)

1807년에 돌턴이 원자설을 제안한 이후 1926년 하이젠베르크(Werner Heisenberg, 1901~1976)와 슈뢰딩거(Erwin Sc-hrödinger, 1887~1961)에 의해 현대적 원자 모형이 만들어지기까지, 원자의 실체를 밝히기 위한 많은 연구들이 이루어져 왔답니다. 그러니까 오늘날의 원자 모형은 100년이 넘는 오랜 기간에 걸쳐 이루어진 연구 결과들이 쌓여서 만들어진 것이라고 할 수 있습니다.

이제 원자 속의 전자 분포에 대해 이야기해 보지요. 전자는 원자 속의 원자핵 주변에 분포해 있습니다. 전자는 반지름이 10^{-15}m 정도인데, 너무 작아 그 크기를 무시할 수 있을 정도랍니다. 전자의 질량 역시 9.1×10^{-31}kg 정도로 무시할 수 있을 만큼 작습니다.

원자 모형 변천과 전자의 분포

이렇게 작은 입자의 경우에는, 입자가 어떤 길을 따라 돌아다니는지 알 수 없답니다. 너무 작은 입자가 너무 빠른 속도로 움직이기 때문이지요. 그 대신 전자가 어떤 모양으로 퍼져 있는가는 알 수 있습니다. 다시 말하면 전자는 너무 작고 빨리 움직이기 때문에 전자가 어디에 있는지는 알 수 없고, 어디에 존재할 확률이 높은가 즉 어떤 모양으로 퍼져 있는가를 알 수 있을 뿐이랍니다.

원자핵 주변에 퍼져 있는 전자 구름

전자는 여러 가지 모양으로 퍼져 있습니다. 전자가 퍼져 있는 모양, 즉 전자가 분포하는 모양을 오비탈이라고 합니다. 더 정확하게 말하면 오비탈이란 전자가 발견되는 공간 영역의 확률 함수를 풀어낸 것입니다. 그래서 오비탈은 전자가 주로 존재하는 공간이라고 할 수 있지요. 어떤 사람은 오비탈을 전자가 구름처럼 퍼져 있는 것에 비유하기도 합니다.

원자 속의 전자들은 모두 같은 모양으로 퍼져 있을까요? 아닙니다. 전자의 에너지 상태에 따라 퍼져 있는 모양은 달라집니다. 이렇게 비유해 볼까요? 길쭉한 모양의 모이통에 모이를 주었을 때 닭들이 모여든 모양과, 원 모양의 모이통에 모이를 주었을 때 닭들이 모여든 모양은 서로 다르겠지요. 모이통 모양에 따라 닭들이 모여든 모양이 달라지는 것처럼, 전자들도 에너지 상태에 따라 퍼져 있는 모양, 즉 오비탈이 달라집니다.

오비탈에는 어떤 모양이 있나요?

오비탈에는 여러 가지 모양이 있습니다. 전자의 에너지 상태에 따라 오비탈의 모양이 달라지는 것이지요. 원자핵에 가깝게 있는 전자는 에너지가 낮고 원자핵에서 멀리 있는 전자는 에너지가 높습니다. 에너지 상태가 서로 다른 전자들은 서로 다른 모양의 오비탈에 속해 있습니다. 오비탈은 전자가 사는 방에 비유할 수 있습니다.

전자가 사는 방, 즉 오비탈은 재미있는 여러 가지 모양과 이름을 가지고 있습니다. 즉 여러 가지 모양의 오비탈이 있다는 말이지요. 공처럼 생긴 오비탈도 있고 아령처럼 생긴 오비탈도 있습니다. 클로버 잎처럼 생긴 오비탈, 심지어 도넛에 아령을 끼워 놓은 것처럼 보이는 오비탈도 있습니다.

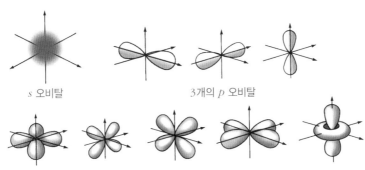

s 오비탈   3개의 p 오비탈

5개의 d 오비탈

모양에 따라 오비탈의 이름도 모두 다르고요.

s 오비탈은 공 모양으로, 어느 방향에서나 같은 모양을 하고 있습니다. s 오비탈은 1가지 종류밖에 없습니다. 즉 s 오비탈에는 전자쌍이 들어갈 수 있는 방이 1개 있답니다.

p 오비탈은 아령 모양과 비슷합니다. p 오비탈에는 서로 수직으로 만나는 3개의 오비탈, 즉 p_x, p_y, p_z 오비탈이 있습니다. 그래서 p 오비탈에는 전자쌍이 들어가는 방이 3개입니다.

d 오비탈은 5개의 오비탈이 있습니다. 즉, d 오비탈은 전자쌍이 들어가는 방을 5개 가지고 있습니다.

오비탈의 모양이 서로 다르다는 것은 무엇을 뜻할까요? 모양이 다르다는 것은 에너지 상태가 다르다는 것을 말합니다. 다시 말하면, 에너지 상태가 서로 다른 전자들이 서로 다른 모양의 오비탈을 만들어 내는 것입니다.

s, p, d 오비탈은 에너지 상태가 서로 다릅니다. 그러나 같은 오비탈에서는 에너지 상태가 같습니다. 즉, p 오비탈에 있는 3개의 오비탈은 서로 에너지가 같습니다. d 오비탈에 있는 5개의 오비탈도 에너지가 서로 같답니다.

공유 결합이란 바로 오비탈들의 만남

공유 결합은 어떻게 일어나는 것일까요? 바로 전자 구름들의 겹침이라고 할 수 있습니다. 한 원자에 다른 원자가 가까이 다가오게 되면 두 원자 내부의 전자 분포, 즉 오비탈들이 서로 겹치면서 화학 결합을 형성하게 됩니다. 바로 원자가전자들이 들어 있는 오비탈들이 겹치는 것이지요.

전자가 하나밖에 없는 수소를 제외하면, 모든 원소에서 $1s$의 전자는 결합에 참여하지 않고, 바깥쪽에 분포하는 $2s$와 $2p$에 들어 있는 원자가전자들만이 화학 결합에 참여하게 됩니다. 원자핵에서 비교적 멀리 있기 때문에 원자핵의 영향을 덜 받기 때문이지요.

특히 $2p$ 오비탈들이 결합을 만들 때에는 서로 수직인 x, y, z 방향의 아령 모양이 되며, 이것을 각각 $2p_x$ 오비탈, $2p_y$ 오비탈, $2p_z$ 오비탈이라고 부릅니다.

규칙을 잘 지키는 전자들

오비탈을 전자가 사는 방으로 비유해 봅시다. 전자는 규칙을 가지고 여러 가지 모양의 오비탈을 채워 갑니다. 첫 번째 규칙은, 각각의 오비탈에는 1개 혹은 2개의 전자가 들어간다는 것입니다. 최대로 2개까지만 들어갈 수 있다는 것이지요. 비유하자면, 1개의 방에 많은 사람들이 동시에 들어갈 수 없듯이, 1개의 오비탈에는 여러 전자가 동시에 들어가지 못하고 오로지 1개 혹은 2개의 전자만이 동일한 오비탈에 들어갈 수 있답니다.

예를 들면, 1개의 전자를 가진 수소 원자(H)에서 전자는 원자핵에 가까이 있는 $1s$ 오비탈을 차지하게 됩니다. 2개의 전자를 가진 헬륨의 경우, 전자 2개는 모두 $1s$ 오비탈을 차지합니다. 복잡하게 말로 할 것이 아니라, 알기 쉽게 나타내면 다음과 같습니다.

수소 원자의 전자 배치: $1s^1$ ┌─┐
                                                $1s^1$

헬륨 원자의 전자 배치: $1s^2$ ┌─┐
                                                $2s^2$

두 번째 규칙은, 물이 낮은 곳에서부터 채워져 올라가듯, 전자 역시 에너지가 낮은 오비탈부터 순서대로 채워 간다는 것입니다. 오비탈이 채워지는 순서는 그림과 같습니다.

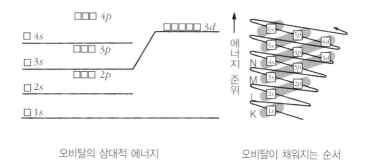

오비탈의 상대적 에너지   오비탈이 채워지는 순서

오비탈의 상대적 에너지를 보면, 1s 오비탈의 에너지가 가장 낮습니다. 그 다음으로는 2s 오비탈, 2p 오비탈, 3s 오비탈, 3p 오비탈, 4s 오비탈, 3d 오비탈 순서로 에너지가 높아지고 있습니다. 그리고 s 오비탈은 1개의 오비탈뿐이지만, p 오비탈에는 3개의 오비탈이 있고, d 오비탈에는 5개의 오비탈이 있다는 것도 알 수 있습니다.

그림을 보고 전자를 채워 볼까요? 전자가 3개인 리튬 원자의 경우 1s 오비탈에 2개의 전자가 들어가고, 그 바깥쪽에 있는 2s 오비탈에 1개의 전자가 들어갑니다. 하나의 오비탈에 들어갈 수 있는 전자의 수는 2개까지라는 것을 잊으면 안 되지요.

전자가 3개 있는 리튬 원자, 전자가 4개 있는 베릴륨 원자, 전자가 5개 있는 붕소 원자의 전자 배치를 다음과 같이 나타

리튬 원자의 전자 배치: $1s^2\, 2s^1$

$1s^2$ $2s^1$

베릴륨 원자의 전자 배치: $1s^2\, 2s^2$

$1s^2$ $2s^2$

붕소 원자의 전자 배치: $1s^2\, 2s^2\, 2p_x^{\,1}$

$1s^2$ $2s^2$ $2p_x^{\,1}$

낼 수 있지요.

세 번째 규칙은, 같은 크기의 에너지를 가진 오비탈에 전자가 채워질 때는 전자 1개씩을 각각의 오비탈에 고르게 배치하는 것입니다.

즉 1개의 오비탈에 2개의 전자가 채워지고 나서 다른 오비탈에 전자가 들어가는 것이 아니라, 같은 에너지의 오비탈에 균등하게 1개씩의 전자가 배치된 후, 그래도 전자가 남아 있으면 각각의 오비탈에 전자가 1개씩 더 들어간다는 말이지요.

예를 들어 볼까요? 6개의 전자를 가진 탄소(C)의 경우에는 $1s$ 오비탈에 2개의 전자가 분포하고, 그 바깥에 위치하는 $2s$에 2개의 전자가 들어갑니다. 이제 남은 전자는 2개인데, 이 나머지 2개의 전자는 $2p$ 오비탈에 각각 하나씩 들어갑니다. $2p$ 오비탈은 모두 3개가 있는데, 그중에서 2개의 오비탈에 전자가 각각 하나씩 들어간다는 것이지요.

탄소 원자의 전자 배치: $1s^2\ 2s^2\ 2p_x^{\,1}\ 2p_y^{\,1}$

|··| |··| |·| |·|
$1s^2$ $2s^2$ $2p_x$ $2p_y$

이제까지 전자들이 오비탈에 들어갈 때 지켜져야 할 규칙에 대해 알아보았습니다. 이 규칙들은 모두 전자가 바닥 상태에 있을 때의 규칙입니다. 바닥상태란 각각의 전자가 가질 수 있는 에너지 상태 중 가장 낮은 에너지 상태에 있는 것을 가리킵니다.

여기서 잠깐 원소의 불꽃 반응에 대해 알아볼까요? 바닥 상태의 전자가 에너지를 흡수하면 들뜬상태로 올라가게 됩니다. 들뜬상태의 전자는 영원히 그곳에 머무는 것이 아니라, 다시 그보다 낮은 에너지 상태로 내려오게 되는데, 이때 에너지 차에 해당하는 빛을 내게 되지요. 이 빛의 파장이 가시광선 영역일 경우, 우리 눈에 색이 보이게 됩니다. 이것을 원소의 불꽃 반응색이라고 합니다. 원자마다 들뜬상태로부터 그보다 낮은 에너지 상태로 떨어질 때 방출하는 에너지의 크기가 다르므로, 불꽃 반응색은 원소의 종류에 따라 달라지는 것이지요.

과학자의 비밀노트

마지막 수업 정리

- 현대적 원자 모형은 오비탈 모형이다.
- 전자 구름을 오비탈이라고 한다.
- 1개의 오비탈에는 최대로 2개의 전자가 들어갈 수 있다.
  - 전자는 에너지가 낮은 오비탈부터 순서대로 채워진다.

하하, 머리 모양이 완전히 오비탈 같군요.

죄송해요. 자다가 급히 나와서요. 그런데 오비탈이란 게 뭔가요?

전자는 여러 가지 모양으로 퍼져 있는데 바로 그 전자가 퍼져 있는 모양을 오비탈이라고 합니다. 더 정확하게 말하면 전자가 주로 존재하는 공간이라고 할 수 있지요.

전자는 구름처럼 퍼져 있는 모양이지 않나요?

핵

원자 속의 전자들은 전자의 에너지 상태에 따라 퍼져 있는 모양, 즉 오비탈이 달라진답니다. 그리고 여러 오비탈들이 겹쳐져서 전자들의 분포가 구름처럼 나타나는 것이죠.

그렇군요.

그럼 오비탈에는 어떤 모양이 있나요?

원자핵에 가깝게 있는 전자는 에너지가 낮고, 원자핵에서 멀리 있는 전자는 에너지가 높은데, 이렇게 에너지 상태가 서로 다른 전자들은 서로 다른 모양의 오비탈에 속해 있게 된답니다. 그래서 오비탈은 전자가 사는 방에 비유할 수 있는 것이지요.

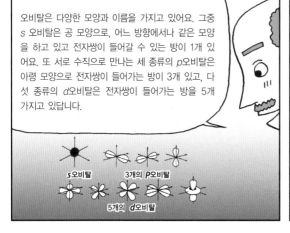

오비탈은 다양한 모양과 이름을 가지고 있어요. 그중 s 오비탈은 공 모양으로, 어느 방향에서나 같은 모양을 하고 있고 전자쌍이 들어갈 수 있는 방이 1개 있어요. 또 서로 수직으로 만나는 세 종류의 p오비탈은 아령 모양으로 전자쌍이 들어가는 방이 3개 있고, 다섯 종류의 d오비탈은 전자쌍이 들어가는 방을 5개 가지고 있답니다.

s오비탈   3개의 p오비탈

5개의 d오비탈

이처럼 오비탈의 모양이 다르다는 것은 에너지 상태가 다르다는 것을 말하는 것으로, 에너지 상태가 서로 다른 전자들이 서로 다른 모양의 오비탈을 만들어 내는 거랍니다.

아하, 선생님 오늘제 머리도 평소와 에너지 상태가 다른 것 같아요.

화학 결합의 열쇠를 선물한
폴링Linus Carl Pauling, 1901~1994

미국의 과학자 폴링은 광물학과 양자 역학, 진화론에 이르기까지 여러 분야에 폭넓은 관심을 가진 학자였습니다. 청년 시절에는 곤충과 광물을 수집하고 친구들과 간단한 실험을 하면서 화학의 세계에 빠져들게 되었습니다.

혼자서 책 읽기를 즐겼던 그는 랭뮤어와 뉴턴이 연구했던 분자를 형성하는 힘에 대해 흥미를 갖게 되었는데, 그로 인해 폴링이 가장 많은 연구를 한 분야는 분자의 구조에 대한 것이었습니다.

그는 양자 역학과 무기 결정에서 얻은 정보로 원자간의 거리를 구하는 방법을 제안했습니다. 그가 구한 이온 반지름

값은 역시 그가 구한 공유 결합 반지름 및 반데르발스 반지름과 마찬가지로 오늘날 널리 쓰이고 있습니다. 그가 연구한 이온 결정의 구조에 관한 원리는 폴링의 법칙이라 불립니다.

폴링의 가장 빛나는 업적은 바로 화학 결합에 관한 연구입니다. 폴링은 양자 역학을 이용해 화학 결합의 형성과 특성을 연구했습니다. 1939년에 그가 쓴 《화학 결합의 성질과 분자 결정의 구조》라는 책을 발표하였습니다. 이것으로 1954년, 폴링은 화학 결합의 세계를 연구한 공로로 노벨 화학상을 받게 됩니다.

폴링은 핵무기 사용을 강하게 반대하면서 《전쟁은 이제 그만》이라는 책을 썼는데, 이와 관련된 여러 가지 업적으로 1962년 노벨 평화상을 받았습니다.

이후 폴링의 관심은 전통 화학에서 질병을 일으키는 분자 쪽으로 옮겨 갔으며, 비타민 C가 감기 예방에 도움이 된다고 적극 주장하였습니다. 폴링 자신도 하루에 3,000mg의 비타민 C를 먹었다고 합니다.

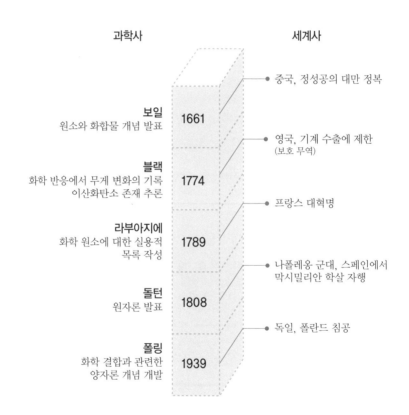

과학사		세계사
		중국, 정성공의 대만 정복
보일 원소와 화합물 개념 발표	1661	
		영국, 기계 수출에 제한 (보호 무역)
블랙 화학 반응에서 무게 변화의 기록 이산화탄소 존재 추론	1774	
		프랑스 대혁명
라부아지에 화학 원소에 대한 실용적 목록 작성	1789	
		나폴레옹 군대, 스페인에서 막시밀리안 학살 자행
돌턴 원자론 발표	1808	
		독일, 폴란드 침공
폴링 화학 결합과 관련한 양자론 개념 개발	1939	

1. 1nm(나노미터)는 □□ 분의 1m에 해당하며, 나노테크놀로지는 바로
   나노미터 단위의 작은 입자를 다루는 기술을 가리키는 말입니다.
2. 이온 결정에 힘을 가하면 쉽게 부서지는 까닭은 □□ 층이 밀려 이
   온 사이의 반발력이 생기기 때문입니다.
3. 알파 포도당이 중합되면 □□ 이 만들어지고, 베타 포도당이 중합되
   면 □□□□□ 가 만들어집니다.
4. 원자들의 결합수는 □□□ □□ 수에 의해 결정됩니다.
5. 전기 음성도가 큰 원소로는 플루오르, □□, 질소 등이 있습니다.
6. 이온 결합은 양이온, 음이온이 일정한 배열로 쌓이는 것이고, 공유 결
   합은 □□□ 을 함께 나누어 가지면서 형성됩니다.
7. 금속 결합은 금속 □□□ 과 □□ □□ 사이의 인력에 의해 형성
   됩니다.

1. 10억 2. 양이온 3. 녹말, 셀룰로오스 4. 최외각 전자 5. 산소 6. 전자쌍 7. 양이온, 자유 전자

   계절이 바뀔 때마다 남녀노소 구별없이 많은 사람들이 감기에 걸립니다. 감기 예방에 대해서 이미 오래전부터 의학적 연구가 이루어져 왔습니다. 특히 화학 결합의 본질을 밝혀낸 공로로 노벨상을 수상한 폴링은 비타민 C(아스코르브산)가 감기 예방에 효과적임을 입증하는 연구를 통해 1970년에《비타민 C와 감기》라는 책을 출간하였습니다.

   이 책에서 그는 대부분의 사람들이 하루에 1,000mg의 비타민 C를 먹으면 감기 발생율을 45% 가까이 줄일 수 있으며, 일부 사람들은 더 많은 약을 먹어야 한다고 주장했습니다. 실제로 폴링 그 자신은 매일 12,000mg의 비타민을 복용했으며, 감기 증세가 나타나면 40,000mg까지 양을 늘려서 복용한다고 말했습니다.

   왜 폴링은 이토록 생전에 비타민 C를 예찬하였는지 감기에 대한 비타민 C의 효능에 대하여 알아봅시다.

　비타민 C는 인터페론(바이러스에 감염된 동물의 세포에서 생산되는 항바이러스성 단백질)의 활동이나 합성 과정에서 박테리아의 침입에 의해 파괴되는 것을 막는 파수병의 역할을 하고, 세포 내의 바이러스 침입을 예방할 수 있으며 약물이나 오염에 의한 독성으로 발생하는 질병을 효과적으로 줄여 줍니다.

　특히 비타민 C는 RNA바이러스의 증식을 매우 효과적으로 억제한다는 연구 결과가 있는데, 감기의 발병 원인이 인플루엔자 바이러스(RNA바이러스)이므로 감기의 전조 증상이 나타날 때 비타민 C를 집중적으로 복용해 주면 효과적으로 감기를 예방할 수 있다는 것입니다.

　그렇다면 이렇게 감기나 기타 질병에도 예방의 효과가 있는 비타민 C를 얼마나 섭취하는 것이 좋을까요?

　이에 대해 폴링은 비타민 C 대량 요법을 주장하였으나, 이는 의학계에 많은 논란을 불러 일으켰습니다. 비타민 C를 과량으로 복용시 발생할 수 있는 부작용을 염려하는 것인데, 비타민 C를 비롯한 각종 비타민들은 인체에 꼭 필요한 물질이므로 적당량만 섭취하는 것이 가장 좋은 생활 습관입니다.

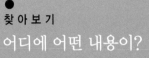

찾 아 보 기

어디에 어떤 내용이?